Spiritual Culture
青心文化

在阅读中疗愈·在疗愈中成长

READING & HEALING & GROWING

全新修订本

身体不说谎

Die Revolte des Körpers

［德］爱丽丝·米勒一著

（Alice Miller）

林硕芬一译

中国青年出版社

图书在版编目（CIP）数据

身体不说谎 / （德）爱丽丝·米勒著；林砚芬译 . -- 北京：中国青年出版社，2019.4（2023.4 重印）

ISBN 978-7-5153-5552-8

I. ①身… II. ①爱… ②林… III. ①儿童心理学—研究 IV. ① B844.1

中国版本图书馆 CIP 数据核字 (2019) 第 053162 号

著作权合同登记号：01-2016-1273

Die Revolte des Körpers©Suhrkamp Verlag Frankfurt am Main 2005
All rights reserved by and controlled through Suhrkamp Verlag Berlin.
中文简体字版权 © 中国青年出版社 2016

《身体不说谎》中文译稿 ©2015/07/15，
爱丽丝·米勒（Alice Miller）/ 著，林砚芬 / 译
简体中文译稿经由心灵工坊文化事业股份有限公司
授权中国青年出版社在中国大陆地区独家出版发行

身体不说谎

作　　者：[德] 爱丽丝·米勒
译　　者：林砚芬
插画作者：stano
责任编辑：吕娜
书籍设计：瞿中华
出版发行：中国青年出版社
社　　址：北京市东城区东四十二条 21 号
网　　址：www.cyp.com.cn
经　　销：新华书店
印　　刷：三河市万龙印装有限公司
规　　格：787×1092mm 1/32
印　　张：7.5
字　　数：150 千字
版　　次：2020 年 5 月北京第 1 版
印　　次：2023 年 4 月河北第 2 次印刷
定　　价：69.00 元
如有印装质量问题，请凭购书发票与质检部联系调换
联系电话：010—65050585

目　录

第一部
诉说与遮掩

第二部
心理治疗中的传统道德与身体的知识

推荐序 —— 张德芬 / 畅销书作家

拥抱你的真相

"等你长大了你就明白了。"你一定不是第一次听见这句话。

你们知道吗？在说这句话的时候，孩子们的心里就被埋下了一颗期待的种子。它包含了对成长的憧憬和对未来的期盼，同时，也有对当下的恐惧。

大人的世界总有自己的一套行事准则，孩子们似乎永远都在追赶着大人们的步伐。孩子们对这个世界充满着好奇，但是来自父母的管教与约束却让他们觉得这个世界上的有一些未知是他们这个年龄永远不必知道的，因为知道那些事的先决条件是"长大"。可是怎样才是真正的长大呢？并没有一本教科书针对"如何长大"作出精确指导，孩子们的真切发问也很有可能换来父母的敷衍回答。那么，一个不知道何谓"真正的成长"的孩子，又如何能对"成长"不心怀恐惧呢？读完《身体不说谎》后我才发现某些针对孩子的敷衍和隐瞒是多么危险的事情。

其实他们都明白的！我不禁这么对自己说，孩子们一定是知道真相的，只是真相被用各种方式掩盖和回避了。诚如书名，因为你的身体是不会说谎的，也许你无法抓住感觉，可是你的身体却能切实记住每一次情感的呐喊。

父母总会在孩子出生前就想好他们的名字，想好养育孩子的方式甚至预演他们的成长过程。这些都是孩子们出生前既定的路。那些未出世的孩子并没有什么选择的权力，因为他们甚至没有选择的能力。但是这并不代表他们没有感知的欲望。身体是诚实的，爱丽丝·米勒真切地点出孩子们有感知这些情感的权利，有选择的权利，甚至有拒绝的权利！

可是对小孩子来说，成人世界的价值观真的可以被全然接受吗？孩子们真的会不带一丝犹豫地吞下这些滋养吗？若这些滋养是充满爱的那固然是好，但这些滋养若形成了错误的连结，孩子们该怎么办呢？我不禁为孩子感到痛心，试想当父母带着一身的疲惫回到家的第一件事就是打骂孩子，将一天的烦躁情绪发泄在孩子身上时，他们有想过孩子的感受吗？

孩子是会痛的。

身体的疼痛总有一天会消失，可是心灵的创伤却无法愈合。没有一个孩子生来就该承受痛苦，没有一个孩子生来就该被厌恶，他们都是带着翅膀降临到人间的天使，不能单纯地因为被灌输的思想就丢失他们自身的真相和感觉。他们有权利感知自己的真实，拥抱自己的真相。

关心孩子身心健康的著作和作家越来越多，可是看完能让我有反观自己童年的欲望和冲动的，那就是爱丽丝·米勒了。她谈论的不仅仅是虐待儿童的严重后果，更能让人反思儿童虐待问题背后更深层次的压抑现象。

这是一本犀利的书，这是一个乐在为不可为之事的作者。

毫无疑问。

情绪并非奢侈品，而是一种生存斗争的复杂辅助工具。

——安东尼奥·达马西奥 [1]

前 言

　　我所有著作几乎都在探讨人们对童年曾遭逢苦痛的否认。每一本书都与这种现象相关的某个特定观点扣连着，并且深入研究其中的某一个领域。例如，《教养为始》与《你不该知道》这两本书的重点放在否认的原因与后果。后来的几本书里，又指出这种否认会对成年人的人生与社会有什么影响。《回避之钥》特别关注艺术与哲学，《拆掉沉默之墙》则关注政治与精神病学。由于这些不同的面向并不能完全与其他面向切割开来，因此理所当然地在内容上有重叠与重复的状况。不过对于细心的读者来说，很轻易地就能察觉这些一再出现的主题有着不同的前后关联性，并采用不同的观点来看这几本书。

　　然而，我使用的特定概念是不受限于前后脉络的。例如，我在使用"无意识"一词时，只意指被压抑、被否认或被分离的内容（记忆、情绪、需求）。对我而言，一个人的无意识就等同于他／她的故事，其故事虽然完整地储存在身体里面，但意识却只能触及一小部分。因此，我从未以形而上学的意思来使用"真相"一词，而是指一种主观的存在、是和个人实际人生有关的意思。我通常说的是"他"或"她"的真相，意味着这是当事者的真实故事，是表达并反映了他或她的情绪。在我使用的术语里，所谓的"情绪"几乎是无意识的，但同时也是身体对内在或外在事件的重要反应，例如对雷雨的恐惧、发现自己受骗而愤怒、或是收到真正渴望的礼物而欣喜不已。相较之下，"感觉"一词类似于一种对情绪有意识的感知。因此，情绪盲目通常需要付出高昂代价且多半是（自我）毁灭性的奢侈品。

在这本书中我主要关注的是：否认我们真实而强烈的情绪，会给身体带来什么后果。这些否认，很多是基于道德与宗教所需。根据我在心理治疗方面的经验（其中也包含了我个人的经验，以及我做过的非常多个案），我大概能了解到：曾在童年受虐的人只能借由极力压抑与分离他们的真实情绪，才能试着去遵守"摩西十诫"中的第四诫 [2]。他们无法爱与尊敬自己的父母，因为他们始终会不自觉地畏惧父母。即便他们非常想要与父母发展出舒适、互信的关系，但仍然无法做到。

反而，这些压抑的情绪通常会具体化为一种病态依附，但这种依附不能称为真正的爱。我称之是一种"假象"、一种"表象"。此外，童年曾受虐的人常常一辈子都渴望有朝一日能获得他们被拒绝给予的爱。这种期望强化了他们与父母之间的依附——而宗教信仰认为这种依附就是爱，并赞许为美德。遗憾的是，大部分的心理治疗过程也有这种现象，这是因为大多数人都被传统的道德掌控了。身体则会为这种道德付出代价。

如果一个人相信他的感觉是他"应该"感觉到的感觉，并且不断地避免去感觉那些他被禁止的感觉，最终他一定会病倒——除非他把这笔帐留给下一代来偿还，将自身不被承认的情绪投射到孩子身上。

这本书正是要揭露一个被大家忽略的事实，而宗教与道德长久以来一直在掩饰它。

　　我在本书的第一部借由几位作家和名人的生平阐释了这项准则，而接下来的两个部分，则指出了真正的沟通之道，来帮助我们摆脱自我欺骗的恶性循环。

导 论
身体与道德

通常，身体的病痛是身体对维持生命运作的功能长期遭受忽视的反应。我们身体维持生命运作的功能之一，就是有能力去倾听我们所属生命的真实故事。因此，本书的中心议题就是关注这两者之间的冲突：一种是我们所感觉到的，也就是那些被身体记录的；另一种则是我们应该感觉到的，是为了符合早就内化的道德规范和标准。我认为有一种极为特定且普遍公认的规范（也就是第四诫）常常阻碍我们进入自己真实的感觉，而我们必须透过各式各样的身体病痛为这种妥协付出代价。我在书中列举了许多相关的实例。不过，这并不是名人的传记，我想要将焦点集中在一个问题上：当事者与其施虐父母之间的关系。

我透过经验了解到，我自己的身体就是所有与生命相关的讯息的来源，这些讯息为我开辟了一条更独立自主、更有自信的道路。当我能感觉长久以来封锁在身体之中的情绪，我才能开始摆脱自己的过去。真正的感觉不是靠意识的努力去获得的。它们一直都在身体里，而且一直都带着某种原因，即便原因常常隐而不显。如果我的身体基于某些它自身非常了解的原因，拒绝去爱或尊敬父母，那么我就无法强迫自己去做。如果我被迫遵守第四诫，就会身陷于压力之中，就像我每次要求自己去做不可能办得到的事情。我几乎一辈子都要背负这种压力，焦虑一直如影随形。我曾试着只感受美好的感觉，忽视不舒服的感觉，以便合乎道德规范与我所接受的价值体系。我努力成为一个被疼爱的女儿，但我并没有成功。最后我终于理解到，如果一开始爱就不存在的话，我是无法强迫爱出现的。另一方面，我也明白一旦我不再强迫自己去爱，停止遵从强加于我的道德规范，爱的感觉会自然而然地出现（例如：我对孩子的爱或是对朋友的爱）。只有当我觉得自己是自由的，而且敞开心胸接受我所有的感觉（包括那些负面的感觉）时，爱的感觉才会出现。

当我认知到我无法操控自己的感觉，我既无法欺骗自己也无法欺骗别人，而我也不想这么做之后，我如释重负。接着我才突然察觉，很多人就像我一样试着无条件地遵守第四诫，未曾发现他们让自己的身体或让孩子为此付出了多大的代价，以至于几乎毁了自己。只要人们依旧利用下一代，就极有可能这样一代代生活超过百年，他们既不会觉察到个人的真相，也不会因自我欺骗的拖延方式而罹患任何疾病。

一位被迫承认由于她自身在年轻时缺乏相关经历、因而再怎么努力都无法去爱自己孩子的母亲，她知道如果她说出这层真相，人们将会谴责她是不道德的。但我相信正是因为她清楚接纳了自己的真实感觉，不再依赖道德的规范，才让她有可能诚实、真心地给予自己与孩子所需要的帮助，并切断自我欺骗的锁链。

当孩子出生时，他们最需要从父母身上得到的是爱——我指的是慈爱、关注、照顾、和蔼以及沟通的意愿等。如果这些需求被满足了，孩子的身体将会保存着被关爱照顾的美好记忆，在长大成人之后也会将同样形式的爱继续传递给下一代。但如果这些需求没有被满足，那么他将一辈子渴望最原始（也是最重要）的需求能被满足。在日后的人生中，这种渴望将会转嫁给其他人。比较起来，越常被剥夺爱，或是越常被以"教养"之名而遭受否定或虐待的孩子，在成年之后就越离不开父母（或替代父母的其他人），他们期待获得以前父母在关键性的时刻未按其所需给予的一切。这是身体的正常反应，身体知道它缺少了什么，它忘不掉那些匮乏。匮乏或空洞一直都在那里，等待被填满。

当年纪越大，就越难从别人身上获得父母拒绝给予的爱。但身体的期待却不会随着年龄的增长而停止——甚至完全相反！期望通常会转嫁给其他人，最有可能的的对象就是自己的儿孙。离开这种困境的唯一办法，就是能对这种机制有所自觉，并借由自我觉察的过程，竭尽所能地看清我们的童年真相。我们便能给予我们自己从出生以来或更早以前就等着被填满的需求。如此一来，我们就可以给自己提供未曾从父母身上获得的重视、尊重、对自身情绪的理解、必要的保护，以及无条件的爱。

为了达到这个目的，我们需要一项特殊的能力：去爱童年的自己。没有这种爱的能力，我们就不会知道爱是什么。如果我们想借由心理治疗的帮助学会这种能力，就需要一位可以给予保护、尊重、同理心与陪伴的治疗师，这位治疗师能接受我们的模样，能帮助我们了解自己为什么会变成现在的样子。这种基本经验是不可或缺的，如此一来我们便能为曾经受忽视的孩子披上父母的角色。我们不需要那些想为我们"提供方案"的教育家，也不需要那些在面对童年创伤的个案时，力求保持中立并将分析对象的叙说诠释为幻想的精神分析师。不，我们需要的正是完全相反的人：也就是一个偏心的陪伴者。当我们的情绪，在他与我们面前一步一步地揭露童年曾承受过什么，以及过去必须忍受些什么时，这位陪伴者可以陪我们一起体验我们孤单、年幼时的惊惧与愤怒。我们需要这样的一个陪伴者，我称之为"知情见证者"。如果我们得到这种陪伴，我想我们就可以从此刻开始去帮助我们心中的那个孩子，去理解他的身体语言，去探究他的需求，而不是像我们的父母那样一直以来忽视这些需求。

我在书中描述的内容绝对是实际可行的。人们可以在这种偏心的、不中立的治疗陪伴下找到自己的真相。人们可以在这样的过程中解除自己的病症、摆脱抑郁、重获人生乐趣、脱离筋疲力竭的状态。而且，一旦我们不再需要将精力耗费在压抑自身的真相后，正确的能量就会滋长了。重点在于，每当我们压抑自己的强烈情绪，并且企图轻视、忽视身体的记忆时，抑郁特有的疲倦感就会来临。

为什么这种正面进展的机会很少发生呢？为什么大多数人（包括所谓的"专家"）宁愿相信药物的力量，也不让储存在身体里的所知去引导自己呢？身体清楚地知道我们需要什么、被拒绝了什么、承受不了什么、对什么会有过敏反应，等等。但大多数人却宁可寻求药物、毒品或酒精等的协助，这些物品只会让通往真相的道路更加受阻。这究竟是为什么呢？是因为知道真相后会痛苦？痛苦是必然的，但这种痛苦只是暂时的，在适当的治疗陪伴下是可以忍受的。我相信最主要的问题是大多数人缺乏这种专业的陪伴。在我称为"助人的专业者"的人士之中，多数人似乎都受到自身道德系统地强烈阻碍，使他们无法帮助曾受虐的孩子，以及看清早年的伤害所带来的后果。规定人们要敬爱自己父母的第四诫，它的威力完全压制了这些专业人士，第四诫说："使你的日子在耶和华你神所赐你的地上得以长久。"

很明显，这条戒律妨碍了早年创伤的疗愈。截至目前为止，该事实都未曾被公开谈论和探讨，这点并不奇怪。这条戒律的影响范围与力量是难以衡量的，因为幼小的孩童会自然地依附父母，所以一再助长了第四诫。就连最伟大的哲学家与作家都不敢抨击这条戒律。尼采[3]虽然犀利地批判了基督教的道德规范，但他无法将批判扩及到自己的家庭。当任何一个曾受虐的成年人有企图违抗父母的行为时，心中都暗藏着那个小小孩对父母会施加惩罚的恐惧。不过这种恐惧只会潜伏在无意识里，一旦有意识地体验到了，恐惧就会随着时间渐渐消散。

支持第四诫的道德规范与我们童年的期望互相结合，导致绝大多数治疗师会对寻求帮助的病患提出和他们所接受的教育相同的一套理论。许多这类型的治疗师本身就和父母有数不清的牵缠。他们称这种摆脱不了的牵缠是"爱"，并试着将这种形式的"爱"提供给他人作为解决之道。他们宣称宽恕是疗愈的唯一途径，显然他们并不明白这条路可能是个圈套，他们自己就身陷其中。并不是所有的宽恕都有疗愈的效果。

很特别的一点是，我们几千年来都与这条戒律生活在一起，几乎无人质疑它，只因为它支撑了一项生理现实：所有孩子，无论受过虐待与否，都一直爱着他们的父母。只有成年人，才有办法选择。但我们的行为却表现得犹如仍是小孩：不可以对自己的父母提出质疑。然而，身为有意识的成年人，我们拥有质疑的权力，即便我们知道某些质疑可能会让父母非常震惊。

以上帝之名将十诫交付给族人的摩西，他自己就是一个被父母放逐的孩子。（虽然他们这么做是为了让摩西免于危难，但被放逐的事实仍不可否认）。与大部分被赶出家门的孩子一样，他期望有朝一日能唤回父母的爱，重拾父母的理解与尊重。我们被告知：摩西的双亲是为了保护他不被追捕才会遗弃他。但那个躺在柳条篮里的小婴儿并不了解这点。成人后的摩西会说："我的父母是为了保护我才遗弃我。我不能生他们的气，我必须感谢他们，他们救了我的命。"但小摩西感觉到的却可能截然不同："为什么我的父母要丢掉我？为什么他们要让我冒着淹死的危险？我的父母不爱我吗?"在这个小婴儿体内储存的真实感觉是：绝望、害怕死亡。它们会持续留在摩西的身体内，在他对族人颁布十诫时依然主宰他。从表面上来看，可以视第四诫是一种老年人的人寿保险，这在《圣经》的时代或许是必要的，但现在已经不再需要这种形式了。更进一步来看，会发现第四诫其实包含了一种威胁，是迄今仍有效的道德勒索：如果你想长寿，就要尊敬你的父母，即便他们不值得尊敬亦然，否则你就会早离开人世。

虽然这项戒律令人困惑和畏惧，但大多数人都会遵守。我相信现在正是认真看待童年伤口及其后果的时候了。我们必须把自己从这条戒律中释放出来了。这并不表示我们必须报复年迈双亲，或重复他们曾做过的残忍行径。它意味着我们必须看见他们过去的样子，以及理解他们为何那样对待幼年时的我们。而后，才能将我们自己与下一代从这种行为模式中解放出来。我们必须将自己从持续进行破坏的内化的父母角色里释放出来。唯有如此，我们才能肯定自己的人生，并且学会尊重自己。这是我们从摩西身上学不到的。当摩西信奉第四诫时，他已经变得不忠于自己的身体讯息了。他完全无法产生其他的想法，因为他并未意识到这些讯息。但也正因为如此，我们不能让第四诫成为强迫我们的力量。

　　在我所有的著作里，我试着用不同的方式以及脉络，阐述我所谓"黑色教育"的童年经历会如何在日后限制我们的活力，并大幅损害甚至扼杀我们对自己的认知。"黑色教育"的养育之道会教养出适应良好的个体，这些个体只会信任被强迫戴上的面具，因为他们童年一直生活在害怕被处罚的长期恐惧之中。这种教育方式的最高原则是："我这样教你，是为了你好，即便我殴打你或用言语折磨、伤害你，都只会对你有好处。"

　　匈牙利作家暨诺贝尔文学奖得主伊姆雷·卡尔泰斯[4]在他著名的小说《非关命运》中，提到了他进入奥斯威辛集中营的景况。他巨细无遗地告诉读者，当时他还只是一个年仅 15 岁的男孩，他试着将在集中营遇见的很多费解而残忍的事情解释为正面的、对他有好处的。因为如果他不这么做的话，他无法在死亡的恐惧中幸存下来。

　　或许每个受虐儿为了求生，都必须保持这种态度。这些孩子为了重新诠释他们的感知，需要从他人一致认定是明显的犯罪行为之中看见"善行"。孩子没有选择。如果没有"协助见证者"在一旁扭转情况或帮忙揭露施暴者，受虐儿就必须压抑他们真正的感觉。日后他们长大成人，如果有幸遇到了"知情见证者"，他们才有了选择。他们才可以进入真相，不用再去"同情"或"理解"施暴者，停止试图感觉他们无力支撑的、分离的情绪，以及可以彻底地揭露曾被施暴的情况。这一步意味着卸下了身体的重负。长大成人的当事者不用一再地被强迫忆起孩提时的悲惨历史。一旦这个成年人愿意认清自己的所有真相，他的身体就会感觉被理解、被尊重与被保护。[5]

我称这种暴力形式的"教养"是虐待，不只是因为孩子被否定了他身为人类所应得的尊严与被尊重的权利，同时也建立起一种极权体制，使孩子完全无法感知所遭受的屈辱、贬抑与蔑视，更遑论起而反抗了。这种童年的模式必然会被受害者复制，用在他们的伴侣或孩子身上，用在工作场合或政治领域里，用在任何使恐惧和焦虑滋生、不让那极度缺乏安全感的孩童得到外部力量协助的地方。独裁者就是这样诞生的，这些人在内心深处蔑视任何人，他们在孩童时期不曾受到尊重，日后便试图用强大的权力迫使他人尊敬自己。

我们不难在政治领域里发现，人类对权力与认同的饥渴从未停止。那是永无餍足，也不可能全然被满足的。人们拥有的权力越大，就越会在强迫性的重复驱动力下行动，而他们企图逃离的无力感会再度出现：在地堡里的希特勒、被放逐的拿破仑、以及躲在地洞里权力不再的萨达姆[6]。是什么驱使这些人如此滥用他们获得的权力，导致他们最后倾覆在无力感之中呢？我认为是他们的身体。他们的身体清楚地知道所有在童年时期的无力感；他们将这种无力感锁进了自己的细胞里，他们想驱使这种无力感的"拥有者"被人看见。然而，这些独裁者全都非常害怕自己童年的现实，他们宁愿毁掉整个民族，宁愿让几百万人死去，也不愿去感觉自身的真相。

虽然我觉得研究独裁者的生平非常具有说服力，但在这本书里我不会只关注这些独裁者的动机。我要将注意力集中在那些同样接受"黑色教育"[7]长大，但不觉得需要获取无穷权力或变成独裁者的人。相较之下，他们并未将压抑的怒气与愤恨施加于他人身上，而是毁灭性地转向自己。他们罹患各种疾病，并且很早辞世。这些人当中最具天分的，或许会成为作家或艺术家。他们虽然能在文学或艺术上呈现出他们的真相，但呈现的永远只是人生分裂的部分。病痛为他们这种分裂付出了代价。我也在本书的第一部列举了这类悲剧性人生的案例。

圣地亚哥的一个研究团队，曾在1990年代针对平均年龄57岁的一万七千人，询问他们的童年概况以及疾病记录。结果显示童年曾受虐者，比童年未受虐、没有因"为了他们好"而被责打的人，日后罹患重症的比例多了数倍。后者在日后的人生中极少抱怨病痛的问题。这篇研究短文的标题是《如何点金成石》，作者把这篇文章寄给我，他对这项发现的评论是：结果一目了然、极具说服力，但同时却没人看见、被人掩盖了。

为什么被人掩盖了呢？因为公布结论时研究者不可能不谴责施虐的父母。可惜的是，我们的社会依然禁止谴责父母，事实上如今反而更严重了。这是由于专家们一直力挺的观点：将成年人心灵上的苦痛归咎于基因遗传，而不是来自童年明确的伤害或父母的排斥。就连70年代有关思觉失调患者童年的研究，除了在专业杂志上发表以外，几乎不被大众所知。深信基因论者依然是胜利的一方。

英国广受重视的临床心理学家奥利佛·詹姆斯[8]在《他们毁了你》一书里，谈的就是这种观点。虽然这本出版于2003年的著作给人留下了矛盾的印象（因为作者对于自己理解的结论感到恐惧，甚至明确地警告不要把孩子的苦痛认为是父母的责任），但该书还是利用很多研究结果与文献很有说服力地证明了：除了遗传因素之外，其他因素在心理疾病的发展上其实并未扮演什么重要角色。

很多当今的心理治疗依旧很小心地回避童年这个议题。的确，他们一开始是会鼓励病患表达自己强烈的情绪。但随着情绪浮现的往往是被压抑的童年记忆，也就是遭受虐待、剥削、羞辱与伤害的记忆；这些事情很可能超过了心理治疗师的负荷能力。如果治疗师没有亲自走过这条路，是无法应付这一切的。曾走过这条路的治疗师并不多见，所以大部分的治疗师给个案的建议依然是"黑色教育"的老调重弹，也就是最初导致他们生病的同一套道德规范。

身体根本不懂这种道德规范；第四诫对身体来说毫无意义，身体也不像我们的心智会被言语蒙蔽。身体是真相的守护者，因为它背负着我们一辈子的经历，并负责让我们能和我们的真相生活在一起。透过病症，身体迫使我们让真相也能进入意识之中，借此让我们能和那个曾经被我们忽视，但一直在我们心中的孩子和谐地沟通。

在我出生后的前几个月，我就已经领教了身体的"矫正"。当然，我几十年来都不知道这一点。听我母亲说，我还是个小小孩的时候就很听话，她不需要为我操心。她把我的"听话"归功于我还是个无助的小婴儿时，她采取的教养方式，这也解释了为什么我长期以来对童年几乎毫无记忆。直到最近有一次接受心理治疗时，我强烈的情绪才告诉了我。虽然这些强烈情绪的表达，最初是与父母无关的其他人相连接，但我越来越能找到它们的真实来源，把它们整合成我能理解的感觉，进而重建我童年的故事。透过这种方式，我迄今无法理解的既有恐惧消失了，多亏我的治疗师偏心的陪伴，最终帮我疗愈了旧日伤痕。

我的恐惧最初和我的沟通需求有关，我的母亲不但从不回应我的沟通需求，甚至坚持采用她严厉的教养方法，视我的需求为顽皮捣蛋并加以责罚。孩童时的我对连结与沟通的表达方式，首先会以哭泣的方式呈现，接着是提问的欲望，最终则是想说出个人的想法与感觉。但我的哭泣换来的是一巴掌，我的问题得到的是虚假的答复，母亲几乎不让我表达自己的想法与感觉。严重时，母亲退到沉默里，有时候甚至几天不语，对我来说，这是一种隐形的危险。因为她从来就不想要我表现出自己的样子，我必须将自己真正的感觉在她面前好好地隐藏起来。

我母亲的情绪会转换成暴力，但她完全没办法去反思与探究自己的情绪。由于她自幼就过得很不如意且充满挫折，因此她会把某些事情怪罪于我。如果我为这种不公平的对待加以自卫，甚至向她证明我是无辜的，她就会将之诠释为我对她个人作出得彻底地攻击，她往往会严厉地责罚我。她将情绪与事实混淆了。每当她由于我的辩解而感觉遭到了攻击，她就认为我一定是在针对她。她需要有反思的能力，才能看清楚她的感觉另有缘由和我的行为无关。但她对自责全然陌生，我从没看过她向我道歉，或表达过任何后悔。她永远觉得自己"有理"，这使我的童年就像遭到了高压统治。

在这本书中，我用三个部分来解释我认为第四诫具有毁灭力量的观点。在第一部，我会概述几个作家的不同人生，虽然他们都无意识地在作品中呈现出自身童年的真相，但由于人生初期的恐惧，他/她们并不能让真相进入自己意识心智之内，甚至在成年后，他/她们也无法相信自己不会因为说出真相而被杀害。因为这种恐惧不只存在于他们的国家，全世界都有要儿女孝顺、原谅父母的戒律，所以这种恐惧仍是遭到忽视且难以处理的。所谓的"解决办法"，只是透过将父母理想化来逃避与否认童年时期真正的危机，否认在身体内留下的那些合理的恐惧。但是他们为此付出的代价都非常大，我们将在之后列举的例子里略窥一二。遗憾的是，这类案例其实多到讲不完，它们清楚地显示，个人对父母的依附让自己以重病、早逝或自杀等方式付出了代价。他们试着掩饰自己童年遭遇的苦痛真相，显然这已经和他们身体的所知站在对立面。虽然写作帮助他们表达自我，但仍然不是有意识的觉察。因此，他们的身体（被摒弃和受蔑视的孩子仍在那里）依然没有觉得被理解与被尊重。这是因为身体和伦理的教条无关，伦理问题对身体来说是全然陌生的。身体的功能，例如呼吸、血液循环、消化等，只会对我们真实感觉到的情绪有所反应，而不是对道德的规范，身体遵循的是事实。

自从我开始研究童年对人生的影响后，我花了很多时间阅读我特别感兴趣的作家的日记与信件。我每每在其中都能发现那些能解读他们的作品、关怀与苦痛的钥匙。他们的苦痛来自童年，但悲剧的本质并无法进入这些作家的意识心智与情绪生活之中。尽管我能在陀思妥耶夫斯基[9]、尼采、兰波[10]等人的作品里察觉到这些作家的个人悲剧，但他们的传记中却连提也没提。这些传记详述了作家生平与外显事实，但鲜少提及他们是用何种方式克服童年创伤、这样的童年对他们造成了什么后果以及如何塑造了他们的人生。当我和文学学者谈起这点时，我发现他们很少或甚至完全不会对这个主题感兴趣。大多数人对我的问题会直接显得不知所措，犹如我想迫使他们面对什么不正经的、几乎可说是伤风败俗的东西一样，当然，最极端的反应就是闪躲。

不过并非所有人都是如此。有一两位学者会对我提出的观点表现出兴趣，并提供给我一些珍贵的传记素材，有些素材虽然是他们所熟悉的，但显然对他们来说并没有什么意义。本书的第一部，就是聚焦于被大部分传记作家忽略甚至是置之不理的相关素材。我不得不局限在一种角度观察，放弃描述这些作家人生中其他同样重要的面向，因此，这本书的某些部分可能会给人片面或过于简化的印象，但我愿意忍受这种批评，我不希望让读者由于太多的细节而偏离了本书想讨论的主题。

所有在书中提及的作家，也许除了卡夫卡[11]以外，全都不知道自己小时候因为父母而受苦甚深。因此，他们长大后也"不会和父母记仇"，至少在意识层面上不会。他们将父母全然理想化了，如果要他们和父母就真相来对质，就是个不切实际的想法，因为这些长大成人的孩子对真相是一无所知的。他们的意识心智从根本上就压抑了真相。

这种觉察的缺乏，正好勾勒了他们多半短暂的人生的悲剧。道德阻碍了他们去认清现实，真相一直埋藏在这些才华洋溢之人的身体中。他们无法看清他们其实将自己的人生全部奉献给了父母，虽然他们像席勒[12]那样为自由奋斗，像兰波与三岛由纪夫那样打破了所有（表面上的）道德禁忌，像乔伊斯[13]那样颠覆了那个时代的文学与美学标准，像普鲁斯特[14]看透了中产阶级（但却看不清自己依附在中产阶级的父母所造成的苦痛）。我就是要聚焦于这些面向，因为据我所知，还没有以这种观点去探讨他们的著作发表过。

我会从我过去的书里抓取一些想法，和我在这里所叙述的新观点一起来探讨，并研究那些迄今未解开的疑问。虽然自威廉·赖希[15]与亚诺夫[16]以来的心理治疗相关经验一再地显示出，强烈的情绪是可以被唤醒的。但直到今日此现象才得以更彻底地被解释，这得归功于近代的大脑科学研究者，例如约瑟夫·E.勒杜[17]、安东尼奥·达马西奥、布鲁斯·D.佩里[18]以及其他学者。如今，一方面我们已经知道，身体拥有我们所经历过所有事情的完整记忆。另一方面我们也知道，多亏了与情绪相关的心理治疗工作，我们不再继续盲目地在孩子身上或在自己的伤口上恣意地进行某些心理治疗。因此，我才在本书的第二部，探讨现如今那些已经完全准备好要力挺自身童年真相并看清父母的人们。不幸的是，虽然我们常常可以看到某个心理疗程有成功的可能性，但治疗如果屈服于传统道德（这常常发生），成年个案还是无法从"应对父母抱持爱或感谢"的强迫性信念里解放出来，那么此疗程成功的可能性便会受到阻碍。储存在身体里面的真实感觉会继续被阻挡着，个案对此必须付出的代价则是自身的恶疾也会继续存在。我认为那些已经尝试过许多不成功的心理治疗的读者，很容易就能指认出这样的困境。

在对道德与身体之间关联性的研究中，我发现了另外两种面向，不像之前的宽恕议题，它们对我来说是全新的概念。其中之一是我自问：我们在长大成人后依然坚称爱父母的感觉究竟是什么？另一个令我震慑的面向是：身体终其一生都在寻求它童年时迫切需要但未能获得的滋养。我认为许多人的苦痛根源正是源自于此。

本书第三部，将以一种特殊语调，来谈身体如何对错误的养育方式展开自卫。身体需要的只有真相。只要真相不为人所知或一个人对父母亲真正的感觉持续遭到忽视，那么身体的病症就不会消失。我希望以简单的方式和日常的语言，来说明厌食症患者的悲剧，他们在成长的过程中无法进行真正的情感交流，在后来的治疗过程中也忽视了这一方面。如果这些叙述能帮助一些厌食症患者更加了解自身状况的话，我会很高兴。除此之外，在《安妮塔·芬克的虚构日记》里，我更指出绝望的根源（这不只适用于厌食症患者）：尽管一再徒劳地寻求，童年时想与父母有真正沟通的愿望还是落了空。不过长大成人之后，一旦和其他人有了真正的沟通，就会放弃这种徒劳的追寻。

让孩子成为牺牲品的传统，在大部分的文化与宗教之中都扎根甚深。同样的，在西方文化里也非常自然地肯定与包容这项传统。我们虽然不会像《圣经》里亚伯拉罕和艾萨克那样将子女献祭给上帝；但我们却早在子女出生时，以及在日后的整个教养过程中，要求子女必须爱我们、尊敬我们、重视我们、为了我们去获取成就、满足我们的虚荣心——总之，就是要求子女给予我们所有我们的父母拒绝给予的东西。我们把它叫做礼教与道德。孩子很少能作出选择，他们也许将终其一生被迫提供给父母某些东西，但他们自己却不曾有过也不认识，因为他们从未被给予真正的、无条件的爱，而不仅仅只是为了迎合某些需求。即便如此，他们仍会竭力争取这种爱，因为即使长大成人了，他们仍觉得需要父母，而且尽管每每失望，还是一再地希望父母会对自己有真正的慈爱。

如果不放下这种行为，它可能会变成这个成年人的灾

患。因为很有可能他得到的只是假象、强迫、表象与自我
欺骗。

　　许多父母非常希望孩子能爱与尊敬他们，并用第四诫来
将之合理化。我偶然看过一个相关的电视节目，所有受邀的
不同宗教的神职人员都说，我们必须敬爱自己的父母，无论
父母曾经对我们做过什么。孩子对父母的依赖就是这样被加
强的，而且深信教义的信徒们并不明白他们长大成人后其实
可以摆脱这种循环。在当今的知识之光下，我们看见第四诫
其实是自相矛盾的。道德的体系虽然规定我们应该做什么、
不可以做什么，但却无法规定我们必须有什么感觉。真正的
感觉既无法被制造出来，也无法被扼杀。我们只能压抑自己
的感觉、对自己说谎以及欺骗我们的身体。但正如我们已经
看到的，我们的大脑储存着我们的情绪，而情绪是可以被唤
回、被感受的，并且幸运的是它们可以无害地转成有意识的
感觉。如果我们能幸运地找到一个知情见证者，就可以认清
这些感觉的意义与缘由。

　　我必须爱上帝，这样他才不会因为我的反抗和失望而惩
罚我，并且会给予我他那宽恕一切的爱。这种对上帝的奇怪

想法，同样表达了我们幼稚的依赖与需求。我们假设上帝会像父母一样渴望着我们的爱，难道这不是一种荒诞至极的想法吗？一个更高层次的存有，他仰赖着受到道德所操控的人为感觉。会将这种存有称为上帝的，可能只有那些绝不会质疑父母、或不去思索自己对父母无条件的依赖性的人吧。

诉说与遮掩

因为我宁愿病发而让你满意，

也不愿引你厌恶而无病。

——普鲁斯特致母亲的信

身体的疼痛总有一天会消失，可是心灵的创伤却无法愈合。没有一个孩子生来就该承受痛苦，没有一个孩子生来就该被讨厌，他们都是带着翅膀降临到人间的天使，不能单纯地因为被灌输的思想就丢失他们自身的真相和感觉。他们有权利感知自己的真实，拥抱自己的真相。

一·对父母的敬畏及其悲惨后果

陀思妥耶夫斯基、契诃夫[19]、卡夫卡、尼采

　　陀思妥耶夫斯基与契诃夫这两位俄国作家的作品,对年轻时的我意义重大。对这两位作家的研究,让我明白解离的机制不只是当今才有的,它早在一个世纪前就已经完善地运作了。当我终于成功放弃对自己父母的幻想,并且看清他们的所作所为对我的人生所造成的后果之后,我的双眼为事实睁开了,这些事实以前对我是没有任何意义的。举例来说,我在一本陀思妥耶夫斯基的传记里看到,他的父亲原本是位军医,晚年时继承了一座庄园与上百名农奴。他父亲对待这些人的方式非常残暴,以至于后来被农奴所杀。这位庄园主的暴虐必定远超过一般限度,否则该如何解释一向怯懦的农奴宁可冒着被驱逐的风险,也不愿继续忍受这样的恐怖统治?可以想象,他的长子可能同样屈服于父亲的残暴之

下。因此，我想看看这位写了很多世界名著的作家如何处理他个人的故事。我非常熟悉他在小说《卡拉马传夫兄弟们》里描写的那位铁石心肠的父亲，但我想知道的是他与父亲之间真正的关系是怎样的。首先，我在他的书信中寻找相关的段落。我读了许多他的信件，但却找不到任何一封他写给父亲的信。他唯一一提及父亲的地方，可以证明作为儿子对父亲绝对的敬重与无条件的爱。另一方面，几乎所有陀思妥耶夫斯基写给其他人的信里，都在抱怨自身的经济状况，并请求财务的援助。对我而言，这些信件明显表达了一个孩子对生存状况持续遭到威胁的恐惧，他绝望地期待他的困境能被理解、能获得收件者的好心借贷。

众所皆知，陀思妥耶夫斯基的健康状况非常不好。他长期失眠，并且抱怨他做的可怕的恶梦，这些梦可能显现了他童年的创伤，但他对此却不自觉。我们也知道他几十年来都为癫痫所苦，不过他的传记作家们却很少有人将他这种疾病的发作与童年的创伤连结在一起。他们同样不明白，在陀思妥耶夫斯基沉溺于轮盘赌博的背后，渴望着仁慈的命运。虽然他的妻子曾协助他克服赌瘾，但即便是她，也无法成为陀思妥耶夫斯基的知情见证者，因为在那个年代谴责自己的父亲，比起今日绝对更是禁忌。

　　我在安东·契诃夫的身上也发现了类似的状况。我认为在他的短篇小说《父亲》中，他或许非常精确地描绘了自己父亲的形象。他的父亲过去是农奴，也是酒鬼。这篇小说恰恰描述了一个依靠儿子过活的酒鬼，他为了掩盖内心的空虚，拿儿子的成就往自己脸上贴金。他从未试着了解儿子究竟是怎样的人，也未曾展现任何情感或人性尊严。

　　这个故事被认为是虚构的小说，它可能是传记体的含义完全被从契诃夫的人生中割离出来。如果这位作家可以有意识地感觉父亲实际上是如何对待他的，或许他会感到羞愧不已或勃然大怒。不过在他那个时代这是无法想象的。契诃夫非但没有反抗父亲，反而负担着全家人的经济，即便在他早期收入微薄时亦然。他要负担父母在莫斯科的公寓，并一心一意地照顾父母与弟弟们。但在契诃夫的信件集里，我很少发现他提到有关父亲的事。一旦在信件中提到父亲，便会展现出这位儿子全然的同情与体谅的态度。我完全找不到任何蛛丝马迹显示他曾埋怨过年轻时几乎日日被父亲残暴殴打的事。契诃夫在 30 岁出头时，曾前往当时是流放地的库页岛待了几个月。根据他的自述，这是为了描写遭受咒骂、酷刑与殴打之人的生活。他自己其实也是这些人其中一份子的认知，大概也从他的意识里分离出来了。传记作家们将他 44 岁就英年早逝的原因，归咎于库页岛上可怕的生活条件和严寒的气候。但我们不该忘记，契诃夫和他更年轻就因病早逝的弟弟一样，一辈子都为结核病所苦。

在《你不该知道》一书里，我提到了卡夫卡以及其他几位作家的生平，写作虽然帮助他们活下去，但却不足以完全解放那个被关在他们身体里的小孩，也不足以唤回他们失去的活力、敏感与安全感。这是因为这种解放过程中知情见证者是绝不可少的。

虽然卡夫卡有两位苦痛的见证者：米莲娜以及妹妹奥特拉，尤其是后者。他可以向她们倾吐，但却无法说出自己童年的焦虑与父母对他造成的痛苦。这仍是个禁忌。不过无论如何，他最后还是写下了著名的《给父亲的信》。但他未能把这封信寄给父亲，而是交给了母亲，请母亲帮忙转交。他在母亲身上寻求知情见证者的角色，希望母亲读了这封信最终能了解他的苦痛，并且愿意当他与父亲之间的中间人。但母亲却扣下了这封信，而且也从没跟儿子谈论信件内容。没有知情见证者的支持，卡夫卡无法面对自己的父亲。他太惧怕处罚的威胁了。我们只要回想他的短篇小说《判决》，就知道他实际上十分害怕这种威胁。可惜卡夫卡没有任何可以支持他的人，让他可以克服恐惧，给父亲寄出这封信。如果他曾经这么做，或许能挽救自己一命。可惜他不可能独自跨出这一步，取而代之的则是身染肺结核，才40岁出头就撒手人寰了。

我在尼采身上也观察到类似的情况，我在《回避之钥》与《拆掉沉默之墙》两本书里描述过他的悲剧。我认为尼采的大作是一种嘶吼，他寻求着摆脱谎言、剥削、虚伪与他个人的矫枉过正。但却没有人可以看出（尼采自己看到的最少）他早在童年就承受了许多苦痛。不过他的身体却一刻也未曾停歇地承受着重负。他在年轻时就得对抗风湿病，这种疾病与他剧烈的头痛绝对可归咎于对强烈情绪的压抑。他还患有许多其他病症，据说在就学期间，一年内就有上百种之多。没有人能察觉他因虚假的道德规范而受苦，这些道德规范是制约他日常生活的一部分。所有人都和他一样处在相同的氛围里，但他的身体却比起其他人更清楚地感觉到了谎言。如果有人能帮助尼采了解他身体的所知，他或许就不必因为直到生命尽头都不能看清自身真相而"发疯"了。

二·在剧作里争取自由与身体被忽视的怒吼

席 勒

　　直到今天，我仍常常听到有人说打骂孩子不会造成永久的伤害。很多人认为他们自己的人生就是这种说法的明证。只要他们"成年后的病痛"与"童年时的责打"这两者之间的关联性被遮掩着，这些人可能就会一直这么相信下去。我们可以举席勒为例，说明这种遮掩效果运作得有多好。几百年来，这种遮掩效果一再被人们丝毫不加批判地接受下来，代代相传。

　　席勒是 18 世纪的伟大浪漫剧作家之一，他一生中决定性的前三年是单独和他慈爱的母亲一起度过的。在母亲身边，席勒得以全然发展他的性格与独特的天赋。直到席勒 4 岁时，他那专横的父亲才从长年的战争中回来。席勒的传记作家弗里德里希·布尔薛曾描述席勒的父亲是个"严厉、没有耐性、易怒且顽固的男人"。基本上，他的教养观念就是要禁止他那生机勃勃的儿子那些自发性又充满创意的行为表现。不过即便如此，席勒的在校成绩仍然很优异，席勒将之归功于自己的聪明才智与自信心，这些特质是他人生前三年在母亲身边获得了情感上的安全感才得以发展出来的。但当这个男孩长到 13 岁的时候，他被父亲送进军校，军校的严苛让他承受了非常大的痛苦。他像年轻的尼采一样患上许多病症，几乎无法集中精神。有时候他甚至躺在病房里数星期之久，最后他变成了成绩最差的学生。他成绩下滑的原因被归咎于生病。没有人察觉是因为他在这期间必须待上八年的寄宿学校，那些既不人道又不合理的纪律，让他的身体与心灵能量全都被耗尽了。对于他的困境，除了生病这种沉默的、百年来都没人理解的身体语言以外，没有其他的发声方式了。

弗里德里希·布尔薛是这么描述那间学校的：

在这里，在他最易受到影响的青春年岁，一个年轻、渴望自由的男孩，必须感觉到自己像个囚犯，因为这所学校的窄门只会在必要的散步时间开启，散步时学生们还必须接受军事化监督。在这八年之中，席勒几乎没有放过一天假，只偶尔有过几小时的空闲。当时还没有寒暑假的概念，也不准度假。日程都被排定了。夏天时，大寝室里的起床号会在五点响起，冬天则是六点。由年轻士官监督着铺床与梳洗。接着寄宿生们便列队步行至操场早点名，再从那里前往餐厅吃早餐，早餐是面包和面粉汤。所有动作全都受到指挥，以手势示意祷告、坐下与列队出发。七点到中午是授课时间。接下来的半小时，是年轻的席勒最常遭到斥责的时间：仪容检查时间。这个时候要穿上制服——黑色翻领的青灰色外衣、白色背心及裤子、绑腿、靴子、军刀、缀羽饰的镶边三角帽。因为公爵（这所学校的创立者）无法忍受红发，席勒必须在头发上洒上香粉。他还像其他学生一样戴着长长的假辫子，太阳穴旁则是两个用石膏黏住的发卷。学生们穿戴好后，列队步行至餐厅参加午点名。午餐过后安排的活动是规定的步行与操练，接着从两点上课到六点，之后又是仪容检查。剩下的时间则清楚规定了要自习。晚餐后立刻就寝。年轻的席勒被束缚在这件一丝不苟的紧身衣里，直到 21 岁。

席勒一直都因身体不同器官的严重痉挛所苦。40 岁时他染上重病，从此不断地与死神拔河，还伴随有精神失常的症状，在 46 岁时与世长辞。

对我而言，席勒的这种严重痉挛绝对可以归咎于他童年时期频繁的体罚以及青年时的严苛纪律。确切地说，他的囚禁状态早在进入军校前，在父亲回到他身边时就已经开始了。他的父亲在席勒童年时系统化地克制他快乐的感觉，同时，他父亲也如此对待他自己，并称之为"自律"。例如，规定孩子一旦在用餐时感到愉悦，就必须立刻停止进食并离开餐桌。席勒的父亲也会这么做。或许席勒父亲是一种特例，他采取的古怪模式，压抑了所有我们可能称为"生活质量"的东西。但军校制度在当时却是广泛被使用的，而且被视为普鲁士的严格教养。很少有人会去反思这种教养的后果。这些军事学校所采取的严酷监视系统，会让人联想到某些与纳粹集中营相关的描述。当然集中营里的虐待行径是由国家组织起来进行的，比起军校绝对更加歹毒与残忍，不过集中营和之前几百年盛行的教育体制有相同的根源。这种计划性的残忍行为，无论是发令者还是执行者，他们小时候都曾经历过责打与其他各式各样施加于其身的羞辱方式。他们完全学会了将来也可以用同样的方式，不带罪恶感也不加反省地施加在臣服于他们力量之下的其他人身上，例如孩童或囚犯。席勒没有把自己曾承受过的恐怖统治报复在他人身上。不过，他的身体终其一生都承受着童年必须忍耐的残暴行径带来的后果。

当然，席勒并非特例。孩提时代上过这种学校的人有数百万，如果不想受到重罚或被夺去性命，他们就必须学习沉默地服从权威。这种经验使他们对第四诫肃然起敬，并严厉叮嘱下一代也绝对不得质疑权威。因此即使到了今天，他们的子子孙孙依旧坚信责打不会带来任何伤害，这也就见怪不怪了。

然而，席勒就这方面而言却是个例外。从《强盗》到《威廉·退尔》等，他所有的作品都不断地反抗权威施行的盲目暴力，经由他不凡的文笔在许多人心中播下希望的种子，期许这种抗争有朝一日能胜利。不过在他所有的作品中，席勒不知道的是，他反抗不合理的权威命令，能量是来自于他身体储存的早年经历。他深受父亲那令人费解又惊恐的权力执行模式之苦，致使他开始写作，但他不可能察觉写作欲望之下的动机，他只想写出优美而伟大的文学作品。席勒利用历史人物的例子试图说出真相，而他也非常成功地做到了。只是有关父亲带来的苦痛，即便到了席勒去逝的那一天，对这所有的真相也都只字未提。这对他与社会来说依旧是个秘密，我们的社会几百年来都相当赞赏席勒，许多戏迷和读者视他为典范，因为他在作品中为了自由与真相奋斗。不过真相仅止于社会可以接受的真相。如果有人对席勒说："你不需要尊敬你的父亲。曾经那样伤害过你的人，并不值得你的爱或尊敬，即便他们是你的父母亦然。为了这种孝顺的奉献，你已经用你身体上极至的苦痛付出了代价。只要你不再遵从第四诫，你就有机会解放自己。"如果听到这番话，勇敢的席勒将会多么震惊啊！他又会怎么回应呢？

三 · 背叛自己的记忆

伍尔芙[20]

20 年前，我曾在《你不该知道》一书中提过弗吉尼亚·伍尔芙的故事，伍尔芙与她的姐姐凡妮莎同样都在小时候被两个同母异父的哥哥性侵。露易丝·德萨尔沃[21] 曾指出，伍尔芙在她那多达 24 册的日记中，不断地提到那段可怕的时期，当时的她不敢向父母透露自己的处境，因为她无法相信父母会支持自己。伍尔芙终其一生都为忧郁症所苦，但她依旧找到从事文学创作的力量，希望能借此表达出她所遭遇的痛苦，最终能克服童年和青少年时期可怕的梦魇。不过她的忧郁症却在 1941 年夺走了一切，伍尔芙最终投河自尽。

当我在《你不该知道》一书中撰写伍尔芙的命运时，我缺少了一项重要的信息，多年后我才获知。露易丝·德萨尔沃的研究中曾提到，弗吉尼亚·伍尔芙虽然可以透过一样遭受同母异父的哥哥们性侵的凡妮莎那里得知真相，但她却根据弗洛伊德[22]的著作开始怀疑起自己记忆的真实性，她以前曾把这些回忆直接记录在自传式的随笔文章里。德萨尔沃认为，伍尔芙不再像以前那样把人类行为视为童年经历的合理后果，而是努力根据弗洛伊德的理论，把这些视为驱力、幻想与愿望的实现。德萨尔沃认为弗洛伊德的著作使伍尔芙完全陷入混乱之中。伍尔芙一方面清楚地知道究竟发生过什么事，但另一方面她又期盼这些事并不是真的，就像所有性暴力的受害者几乎都会希望的一样。最后，伍尔芙宁愿接受弗洛伊德的理论，并为这种否认真相的行为牺牲掉自己的记忆。她开始理想化自己的父母，用一种非常正面的角度来描绘所有家人，这是她过去绝不会做的。自从她承认弗洛伊德的理论无误之后，她变得不稳定、混乱，并且开始觉得自己疯了。德萨尔沃这么写道：

　　我确信她自杀的决心因此更坚定了，这个论点也经过了证实……我认为伍尔芙经由弗洛伊德而抽走了她尝试塑造的因果关系的基础，她因此强迫自己改变她对自身忧郁症与精神状态的解释，也就是认可自己的状态可能要归咎于童年的经历。但她却跟随着弗洛伊德的理论，因此去考虑其他的可能性。也许她的记忆是扭曲的，但倘若这些记忆并没错，那么更有可能这就是她愿望地投射而非真正的经验。或许发生过的事情，本身就是她想象的一种产物。

如果弗吉尼亚·伍尔芙拥有一位知情见证者，可以和对方分享她对于年纪还那么小就遭受到的残忍情况的感觉，或许可以避免她的自杀。但她身边却没有这样的人。她又将弗洛伊德视为专家，因而导致了她的误判。弗洛伊德的文章使她不知所措，以致于她宁可对自己感到绝望，而不是去怀疑那位拥有伟大父亲形象的弗洛伊德——这位代表当时社会价值观的人物。

可惜的是，这种标准在多年以后也没有多大的改善。1987年时，身为记者的尼古拉斯·弗兰克[23]在德国杂志《星辰》的访谈中提及他永远不会原谅父亲的暴行。他发现这番公开言论引起了许多不满。弗兰克的父亲在二战时期曾担任过波兰克拉科夫地区的纳粹首长，带给许多人无以复加的苦痛。但整个社会却期待他的儿子宽恕这个大恶人。甚至有人写信给尼古拉斯·弗兰克，说他的父亲做过最糟糕的事，就是生下他这种不孝子。

四·自我仇恨与未满足的爱

兰波

阿蒂尔·兰波，生于 1854 年，在 1891 年时以 37 岁之龄死于癌症，就在他右腿被截肢的数月之后。伊夫·博纳富瓦[24]描述兰波的母亲是一个冷酷又无情的人。就这点而言，所有相关说法应该都相同：

兰波的母亲是个虚荣、高傲、顽固、乏味又心怀仇恨的人。她源源不绝的能量来自于全然的、沾染上盲目迷信的虔诚信仰，就这方面而言她可说是个典范。从她在大约 1900 年时写下的令人咋舌的信件中甚至可以看到她对于灭绝，也就是死亡的深深着迷。就这点而言，我们怎能不联想到她热衷于所有与墓地相关的事呢！她在 75 岁的时候，要掘墓人把自己沉降入墓穴内，也就是那个她日后将会被安葬的、介于已故的孩子维塔利和阿蒂尔之间的墓穴，以便她体验一下夜晚的滋味。

对一个聪明又敏感的孩子来说，在这样一个女人身边要如何成长呢？我们可以在兰波的诗作中找到答案。博纳富瓦在兰波的传记里是这么描述的：

她竟尝试利用各种方式来阻止与中断这种不可改变的发展，孩子们任何一丝寻求独立的希望或任何自由的预兆，都必须在萌芽时就被扼杀。这些觉得自己犹如孤儿的男孩们，他们与母亲的关系解离成恨意与依附。享受不到爱的兰波，因此阴郁地认为，这都是他的错。他无辜地以自己全部的力量狂野地反抗母亲对他的审判。

兰波的母亲将孩子完全置于她的控制之下，并称之为母爱。她那已觉醒的儿子看穿了这个谎言。他发现母亲永无止境的琐碎关怀与爱无关，但他不能全然容许自己的这种观察，因为身为孩子的他必定需要爱，甚至是爱的幻象。他不能恨那个表面上非常关心他的母亲，于是兰波将他的恨意对准了自己，无意识地坚信着那些谎言和冷漠是自己应得的。他被这种厌恶折磨着，将之投射在他所居住的小省城里，投射在虚假的道德上，并像尼采一样投射到自己身上。他一辈子都试着借由酒精、大麻、苦艾酒、鸦片以及到远方旅行来逃离这种感觉。青少年时期他曾两度逃离家中，不过每次都被带了回去，重回母亲的"照顾"之下。

　　他的诗作不只反射这种自我仇恨，也有对于爱的追寻，也就是他在生命之初就完全被拒绝给予的爱。幸运的是，兰波后来在求学时期遇到了一位仁慈的老师，这位老师正好就在他青春期这决定性的年岁，给予他陪伴与支持。这位老师的感情和信任，启动了兰波的写作和他的哲学思想。不过即便如此，童年依旧继续束缚着他。他试着将他对未满足之爱的绝望，透过有关真爱本质的哲学观察来解决。不过这些概念只停留在抽象的阶段，因为即使他在理智上排斥传统道德，但在情感上仍旧是道德的忠仆。他可以自我厌恶，但不能憎恨他的母亲。若不摧毁那协助他童年得以存活下去的希望，他就无法听到自己童年记忆的伤痛讯息。兰波一再地写道，他只能依赖他自己。在这样一个并非给予他真爱而只会带给他干扰与虚伪的母亲身边，这个小男孩能学到什么呢？他的人生是种了不起但也是徒然一场的尝试，他试着透过所有能使用的方式，来拯救自己因逃离母亲所造成的毁灭。

喜爱兰波诗作的年轻人，或许也是基于他们相似的童年际遇而被兰波的诗作吸引，因为他们能在其中模糊地感受到同样的灵魂。

兰波结交上保尔·魏尔伦[25]，在文学史上是众所皆知的事。兰波对于爱与真正沟通的渴望，起先似乎在这段友谊当中获得了满足。但与某个所爱之人亲近时就会浮现出来的那源自童年的猜疑，再加上魏尔伦自身也有困难的过去，让两人之间的爱无法永存。最终，他们逃向毒品，使两人无法生活在他们所追寻的完全率直之中，给彼此造成了许多精神伤害。魏尔伦最后扮演起如同兰波母亲般的毁灭性角色，在喝醉酒后甚至用枪攻击兰波，并为此在牢里服刑两年。

为了挽救"真正的爱"，也就是童年时错过的爱，兰波透过博爱来寻找爱，也就是透过体谅、同情他人。他想要给予别人他自己从未获得的。他想去了解他的朋友，帮助魏尔伦了解自己，但童年时压抑的情绪总让这些尝试落空。他在基督教的博爱中找不到解决办法，他那执拗的聪慧不容许他自我欺骗。他就这样不断地追寻着自己的真相，但真相对他一直隐而不显，因为他很早就学会为了母亲对他做过的事而仇恨自己。他觉得自己像个怪物，他的同性恋倾向则是个罪行（维多利亚时代很容易如此看待同性恋），他的绝望是罪。但他却不准许自己将那未曾终止的、合理的愤怒指向其来源之所，也就是尽其所能将儿子困在她牢笼里的那个女人。兰波终其一生都企图逃离这个牢笼，他曾透过吸毒、旅行、幻想以及诗作等方式逃离，其中诗作又是最重要的发泄方式。但在这所有企图打开解放之门的绝望尝试中，有一扇最重要的门依旧关闭着：通往他童年的情绪现实、连结这小小孩的感觉。他没有可以保护他的父亲，且必须在一个会严重妨碍他的恶毒女人身边成长。

兰波的故事正是一个生动的例子，身体会终其一生地去追寻早期错误意识中，兰波的人生受到强迫性重复驱力的影响。在每次逃离失败之后，他又重回母亲身边，就连他与魏尔伦分开以及他走到生命尽头时亦然。当时的他已经牺牲掉自己的创造力，而且早已放弃写作多年，而且间接地应允了母亲的要求——成为一个商人。虽然兰波过世前的最后那段时间，是在法国马赛的医院里度过的，但在这之前他却是和母亲与妹妹一起住在罗克，在那失的真正滋养。兰波被驱使去填满一种匮乏、一种永远不会停止的饥饿。他吸食毒品、强迫性的旅行以及与魏尔伦的友谊，不仅可以诠释为从母亲身边逃离的手段，也是在追寻母亲拒绝给他的滋养。由于这种内在的现实必须留存在里接受她们的照顾。兰波对母爱的追寻，终究是消逝在童年的牢笼里。

五·被囚禁的孩子与否认痛楚的必要性

三岛由纪夫

日本知名作家三岛由纪夫在 1970 年时切腹自杀，享年 45 岁。他常称自己是个怪物，因为他觉得自己心中有着病态的、反常的倾向。他的幻想围绕着死亡、世界的黑暗面以及性暴力。另一方面，他的诗作则显示出了一种不寻常的敏感，他必定在童年悲惨经历的重负下相当痛苦。

三岛是家中的长子。1925 年他出生时，新婚不久的父母与祖父母同住在一个屋檐下——这在那年代的日本是很常见的。三岛几乎是一出生就被他年近 50 岁的祖母带到了她自己的房间。他的小床就放在祖母的床边，三岛住在这个房间里，长年与外面的世界隔绝，只能任凭祖母需索。三岛的祖母罹患严重的忧郁症，她偶尔爆发的歇斯底里会吓到这个孩子。她轻视自己的丈夫以及儿子，也就是三岛的父亲，但她会用自己的方式溺爱这个孙子，要求这个孙子只属于她，其他人不能插手。三岛在他自传性的记载中忆述到，他与祖母共享的房间很闷，味道很难闻。但他却没有提到愤怒的情绪或他对此处境的任何反抗，因为对他来说这似乎是正常的。4岁时，三岛染上一种名为"自体中毒"的重病，这种病后来被证实是慢性病。当三岛6岁开始上学后，他第一次认识了其他孩童，他却觉得身处同侪之中的感觉很奇怪、很陌生。这是自然的，三岛和这些情感自由而且有不同家庭环境的孩子相处，当然会有所困难。9岁的时候，三岛的父母搬进自己的公寓，但没有带上自己的孩子。这个时期的三岛开始写诗，他的祖母非常支持他的创作。12岁时，三岛终于回到父母身边，他的母亲也非常自豪于他的作品，但父亲却撕掉了他的手稿，因此三岛被迫开始偷偷写作。他感觉在家里也找不到体谅与接纳。祖母希望把三岛当成女孩养，而父亲却企图用严厉的责打让他成为"真正的男人"。因此，三岛常常去找祖母，对他来说，此时的祖母是他逃离父亲虐待的庇护所。在这段时期，祖母常带他去看戏，这为他打开了一扇通往新世界的门扉：感觉的世界。

我认为三岛的自杀是想表达，他无力去对抗祖母行为的那种愤怒以及不满。他永远无法表达这种感觉，因为他必须对祖母充满感谢。在他孤寂的童年中，相较于父亲的行为，祖母显然是三岛的拯救者。他真正的感觉保存在他对祖母的依附牢笼里；他的祖母从一开始就是为了满足她自己的需求而剥削三岛。不过，三岛的传记作家在这方面照例只字未提，而三岛本人直到最后，也就是他死前，亦未曾提过。他不曾正视自己的真相。

有各式各样的说法解释三岛切腹自杀的理由。但最接近真相的可能性却很少被提及。毕竟，我们认为对父母、祖父母或照顾自己的人表示谢意是非常正常的，即便因他们而受了苦亦然。这是我们接受的准则中不可或缺的部分。但这种准则把我们的真实感觉以及天生的需求掩盖住了。我们称这些准则为道德，屈从于它、视之为比自己的人生更崇高的准则，无论它是否阻碍了我们真正的人生。这样看来，重病、早逝与自杀仿佛是合理的结果，这些例子将继续发生，而且寰宇皆然。身体不会反抗这些准则，它唯一能使用的语言就是病症，因此只要对童年真实感觉的否认不被看清，此病症就无法被理解。

　　十诫中有很多戒律至今仍然适用。但第四诫却与心理学的原则背道而驰。强迫的"爱"会造成非常多的伤害，这点绝对有必要让众人知道。童年被爱着的人不需遵循任何戒律就会去爱他们的父母。被迫遵循戒律绝不可能是爱的基础。

六·在母爱中窒息

普鲁斯特

若你曾花费相当长的时间完全遁入马塞尔·普鲁斯特的世界，就会知道这位作家能带给读者的感觉、意象与观察有多么丰富。普鲁斯特为了表现出他丰富的经历，年复一年地写着《追忆似水年华》这部巨作。为什么他不将这种能力贡献于生活呢？为什么他在完稿后才两个月就过世了呢？而且为什么是窒息而死？最常见的答案是因为他患有气喘，最后并发肺炎。在他 9 岁时，他的气喘第一次发作，是什么原因让他罹患这种病？他不是有深爱他的母亲吗？他是可以感受到母亲的爱，还是相反地必须一直对她保持猜疑或对抗呢？

事实上，他在母亲过世后才能够写下他自身所观察、感觉与思考的特别世界。有时候，他会觉得自己是母亲难以忍受的负荷。他永远无法向母亲展现他真实的样貌、想法与感觉。这点可由他写给母亲的信件中清楚看见，母亲用她的方式去"爱"普鲁斯特。她非常关心他，但她希望能决定他的所有大小事，甚至支配他的人际关系，即便到他18岁仍对他发出禁止令。她希望普鲁斯特能以她需要的方式依赖并顺从着她。普鲁斯特偶尔会试着抗拒，但同时又柔弱地、某些时刻甚至是绝望地，为他的违抗感到抱歉，因为他太害怕失去母亲的爱了。普鲁斯特虽然一辈子都在追寻母亲的爱，却又必须借由内心退缩来保护自己逃离母亲不断的掌控与权力需求。

普鲁斯特的气喘病可以看作是对困境的表达。他吸入了太多空气（爱），而且不被允许吐出过剩的空气（掌控），也就是他不能反抗母亲要他接受的东西。的确，他杰出的作品可以帮助他表达自己，并借此丰富读者的心灵。但他长年承受身体的苦痛，是因为他无法完整地意识到自己那位不可抗拒的、需索的、作为支配者的母亲带给他的痛苦。显然直到生命的尽头，他主要关心的都是如何分离出他对母亲的感觉，而且他相信着必须躲避真相才能保护自己，然而他的身体并不接受这种妥协。身体知道真相，或许它从普鲁斯特出生时便知悉了。对普鲁斯特的身体而言，母亲的操控与无法抗拒的关怀，从来就不是真爱的表达，反而是一种害怕的信号。普鲁斯特的母亲珍妮特是一个非常保守、温顺、典型的中产阶级家庭的"好"女儿，她对儿子特殊的创造力感到害怕。珍妮特非常注意要扮演好一个名医、教授的妻子，并受到社会大众的欣赏，社会大众的评价对她而言非常重要。她认为普鲁斯特的独特性与活力是一种威胁，她用尽办法想让这种威胁在世界上消失。而她那个敏感纤细的孩子并没有忽略这些，他沉默了很长一段时间，直到母亲死后，他才得以公开他精确的观察，并批判当时的中产阶级社会，在他之前没有人这样做过。即使这样，他也没有批判自己的母亲，虽然她正是一个活生生的例子。

就在他的母亲过世后，也就是普鲁斯特 34 岁时，他在给孟德斯鸠[26]的信中写道：

她知道我没有她就活不下去……从此刻开始，我的人生失去了它唯一的目的、它唯一的甜美、它唯一的爱、它唯一的慰藉。我失去了她，她那永不终止的警觉在带给我唯一的人生甘露，在平静与爱中……我被所有痛楚浸湿了……诚如照顾她的护士所说的：在她眼中，我可能永远都只有4岁。

　　这段有关普鲁斯特对母亲的爱的叙述，反映出他对母亲悲剧性的依附，这种依附让他不可能解脱，而且不留任何空间让他可以公然反抗那持续的监控。他的气喘病如实地传达出他的困境："我吸入这么多空气，并且不被允许将之吐出，她给我的一切一定都是为了我好，即便我会因此而窒息。"

　　回顾普鲁斯特的童年故事，可以厘清这场悲剧的根源。它说明了为什么普鲁斯特会如此长时间地依赖着母亲，且无法从她身边脱离，即便他绝对是因此而受苦。

　　普鲁斯特的父母在1870年9月3日结婚。1871年7月10日生下他们的长子马塞尔·普鲁斯特，那是发生在法国欧特伊一个相当不平静的夜晚的事，当地居民依旧陷落在普鲁士入侵的惊愕之中。我们很容易就能想象，普鲁斯特的母亲很可能无法摆脱当时笼罩她的焦躁不安，也无法专注而慈爱地面对新生儿。可想而知，这个婴儿的身体感觉到了不安，并且开始怀疑自己是不是受欢迎。在这种情况之下，孩子理应需要比他当时所获得的更多安抚。对某些孩子来说，这种匮乏可能会造成极大的恐惧，为他的童年带来重负。普鲁斯特很可能就是这样的例子。

普鲁斯特的整个童年，如果没有母亲的睡前吻就无法入睡，但这种强迫性的需求越被父母（或周围的其他人）觉得是丢脸的"坏习惯"，这种需求就越强烈。像其他的孩子一样，普鲁斯特一直想去相信母亲的爱，但不知怎地他似乎无法摆脱储存在身体里的记忆，他的身体牢记着他出生时母亲的杂乱情绪。对他来说，睡前吻可抹去这种身体最初的、强烈的感知，但到了第二天晚上，疑虑又会再度报到。而且，母亲几乎每晚都造访楼下的沙龙，更增添了孩子心中的这种疑虑，让他觉得对母亲而言，那些资产阶级的绅士淑女都比他重要。毕竟，与这些人相比，他显得那么渺小！普鲁斯特就这样躺在床上，等着他所期待的爱的信号。然而，他不断地从母亲那里接收到的，是要他举止良好、行为乖巧、以及"正常"的劝诫。

长大成人后，普鲁斯特开始研究这个世界，他要研究把他母亲对他的爱偷走的世界。他首先积极地投入沙龙活动，后来，在母亲过世后，他在幻想之中以一种罕见的热情、精准与敏感来描写这个世界。好像他开始的这趟伟大的旅行，最终是为了解答一个问题："妈妈，为什么那些人全都比我有趣呢？你难道不知道他们的空虚、他们在装模作样吗？为什么我的人生、我对你的渴望、我对你的爱，对你来说这么没有意义呢？为什么我不过就一个麻烦呢？"

如果普鲁斯特可以有意识地感受到自己的情绪，他或许会产生这样的想法。但他只想当个听话的男孩，不想制造问题。因此，他投入母亲的世界里，而这个世界开始吸引他。他可以用诗一般的语言自由地描绘这个世界，也可以不受阻挠地批评它。而这一切，他都是躺在床上做的。他在床上完成了一次幻想之旅，病床就像是他的庇护所，可以保护他不被自己揭露的残酷事实所伤，也不会受到他所害怕的处罚。

对作家而言，他可以利用小说人物来表达现实中永远也无法传达给父母的真实感觉。普鲁斯特过世后才发表带有强烈自传性质的小说《让·桑德伊》，克劳德·莫里亚克[27]视之为撰写普鲁斯特传记青少年时期的数据源。我们可以发现普鲁斯特在小说里间接地表达了他的困境，让我们了解普鲁斯特其实可以感觉到父母的抗拒。普鲁斯特叙述：

　　这孩子本性中的极度不幸、他的健康状态、他那容易悲伤的性格、他的挥霍癖、他的惰性、他不可能在生命之中获得一席之地，这些最终会导致他浪费他的聪明才能。

　　普鲁斯特又在同一本小说里展现出他对母亲的抗拒，但依旧是伪装成书中的主人翁——让·桑德伊：

　　他对自己的愤怒倍增至比对父母的还要多。但父母才是他焦虑、他残忍的无所作为、他的啜泣、他的偏头痛以及他失眠的真正原因，他真想做些会伤害父母的事，他不想听走进屋的母亲的咒骂声，他想告诉母亲，他要放弃所有工作，他要去别的地方去睡，而且他认为他的父亲很愚蠢……而这一切只因他觉得他需要反击，并且把那些母亲曾对他做过的坏事，用更恶毒的行为反击回去。那些他无法说出口的言语埋藏在他心中，像某种无法排出的毒药般传至四肢，他的手脚颤抖着，腾空抽搐，像在寻找着某种猎物。

　　相反地，普鲁斯特在母亲过世后，只将爱表达了出来。他那带着怀疑与强烈感觉的真实生活究竟留在哪里了呢？他将一切都转化成了艺术，而他的气喘病则为这种逃避现实的行为付出了代价。

　　1903年3月9日，普鲁斯特在一封给母亲的信中写道："我没有任何喜乐的要求，我很早以前就已经放弃它了。"1903年12月，他又写道："不过，至少我以依你所愿而成的人生计划向夜晚发誓……"其后又在这封信内写道："因为我宁愿病发而让你满意，也不愿引你厌恶而无病。"普鲁斯特在1902年12月初写的一封信里的一段话，就身体与道德之间的冲突来说相当特别：

　　事实是，只要我一觉得舒适，你就会毁掉一切，直到我再度觉得不适，仿佛这种让我病况好转的人生会刺激到你……但可悲的是，我无法同时拥有你的好感以及我的健康。

普鲁斯特在《追忆似水年华》里有段关于玛德莲蛋糕的著名段落，叙说的是一段少有的幸福时刻，当时的他在母亲身边感到很安心、很安全。他 11 岁的时候，某天在散步时他被淋得又湿又冷，母亲拥抱了他，给了他一杯热茶和一块玛德莲蛋糕，没有任何斥责。这显然足以让这孩子暂时不再害怕，那种恐惧可能自他出生以来就潜藏在他体内，并与他认为"父母不是真的想要他生下来"的不安全感有关。

由于父母经常性的责备与批评性的言论，使他潜在的恐惧不断地被重新唤醒。这个聪明的孩子心里或许会这么想："妈妈，我对你来说是个负担。你希望我是另一种样子。你常常这么表现出来，而且也一再地说出来。"身为孩子的普鲁斯特无法用言语表达这些想法，他恐惧的原因依旧没有任何人知道。他独自一人躺在房间里，等着母亲爱的证明，以及母亲的解释。这事实让人沉痛。痛楚显然强烈到无法去感觉，他的探究与疑问被定义为"文学"，并且被放逐至艺术的国度。普鲁斯特依旧拒绝解开他人生的谜团。我认为小说名字里的"似水年华"一词，是在质疑他并不完美的人生。

平心而论，普鲁斯特的母亲不会比当时大部分的母亲更糟糕，而且她绝对是用自己的方式在关心儿子的健康状态。只是我无法认同那些传记作家异口同声地力赞她为母亲的楷模，因为我不认同他们的价值体系。例如，其中一个传记作家写道，普鲁斯特的母亲是一个能为儿子牺牲自己的道德模范。或许可以这么说，普鲁斯特早在母亲身边就学会了不去享受自身的喜乐，但我认为这样的人生观并不值得赞许，而且也称不上美德。

引起普鲁斯特身上严重病症的，是永怀感恩的义务以及永远不能去反抗母亲的思想控制和道德束缚。迫使普鲁斯特压抑他的反抗之心的，就是内化的道德。

如果他可以像自己笔下的主人翁让·桑德伊那样，以自己之口与母亲对谈，那么或许他就不会罹患气喘病，不用忍受窒息发作之苦，不需要大半辈子都躺在病床上度过，也不会英年早逝。普鲁斯特在给母亲的信中是那么清楚地写道，他宁愿生病，也不愿令母亲感到厌恶。就算在今日，这种形式的表达也并不少见。我们需要做的是，清楚了解这种盲目的情感会造成什么后果。

七·感觉分裂的大师

詹姆斯·乔伊斯

詹姆斯·乔伊斯在苏黎士做了 15 次眼睛手术。他不被准许看到与感觉到的是什么呢？在他的父亲过世后，乔伊斯在 1932 年 1 月 17 日给哈里特·肖·韦弗[28]写了下面一封信：

我父亲非常喜爱我。他是我认识的人之中最糊涂的，但他也有非常精明的一面。直到咽下最后一口气之前，他都想着我、念着我。我总是很喜欢他，我本身是个罪过，甚至可以说是他犯下的错误。我的著作中有好几百页内容以及许多人物塑造都要归功于他，他那些干巴巴（或者应说无趣）的笑话和他脸上的表情，常常让我捧腹大笑。

相较于这种将父亲理想化的描述，詹姆斯·乔伊斯在母亲过世不久后，于 1904 年 8 月 29 日给妻子的信中说道：

我该如何定义家这个概念呢？……我认为我的母亲是被父亲的虐待、她自己的长年忧虑以及我玩世不恭的率直行径慢慢害死的。她躺在棺材里时，我看着她的脸——一张灰白、被癌症摧毁的脸——我发觉自己看到了一名受害者的脸，我咒骂那个让她成为受害者的"体系"（作者注：是体系，而非理想化的父亲！）。我们家共有 17 名兄弟姐妹，我的大多数弟弟妹妹对我来说毫无意义。只有一个弟弟能够了解我。

母亲生了 17 个小孩、父亲则是个残暴的酒鬼，对这个家中的长子来说，究竟在这些与事实相符的字句背后隐藏着多少苦痛呢？这些苦痛并没有表现在乔伊斯的作品里；相反的，我们可以看到他借由出色的挑衅散文来进行防卫。这个经常遭受殴打的孩子，不得不佩服父亲的滑稽，并在长大成人后将之转化为了文学作品。我将乔伊斯的小说所获得的伟大成就归功于非常多人赞赏的这种在文学与人生里的情绪防卫形式。我在《夏娃的觉醒》一书里已经透过弗兰克·迈考特[29]的自传式小说《安杰拉的灰烬》讨论过这种现象了。

第一部·后记

或许很多人都有类似的经验，但以上我探讨的几位世界知名作家的故事，可以通过他们的作品与传记来检验。这几位作家全都忠于第四诫，并且尊敬带给他们伤痛的父母。他们将自身的需求，即对真相、忠于自我、真正的沟通、理解与被理解等需求，全都奉献给了父母，满心期望着被爱与不再被拒绝。他们与作品中间接呈现出来的真相是分离的。第四诫把这种沉重的负担强加在他们身上并把他们困在否认的牢笼里。

这种否认导致了他们的重症与早逝，证明了摩西说的"尊敬父母便能更长寿"从根本上就是错误的。至少我在本书提出的案例就与这种"威胁"式的道德准则背道而驰。

当然，也有许多一辈子都将自己父母理想化的人，他们即便曾受到父母虐待，仍能活得很久。不过，我们不知道他们如何面对自己的非真相。大部分的人会无意识地将之传给下一代。就某方面来说，上述提到的作家或多或少已经开始猜测自己的真相。但他们在孤立的状态与始终偏袒父母的社会中，找不到勇气放下他们的否认。

社会压力的效果有多强大？这点每个人都可自己去经验。如果某人在长大成人后认清了母亲的残忍并且公然地谈论，他将会从四面八方（包括心理治疗师）听到这样的回应："是的，但她也很苦，她做的所有事都是为了你。你不应责怪她；你不应用非黑即白的观点只从单方面的角度来看事情。没有十全十美的父母。"这种论点其实是在为这位母亲辩护，但这个人其实根本没有攻击自己的母亲啊！他只不过是在描述自己母亲的行为。这种社会压力，远比我们想象的更大。因此，我希望我对这些作家故事的探讨，不会被当成是对他们的批评。这是在述说人们的悲剧，他们确实察觉到了个人的真相，但因为孤立无援而无法承认。我写这本书的用意，便是希望能减少这种孤立现象。在心理治疗中，我们也常常见到成年人身上出现了他们孩提时的孤独。毕竟，心理治疗本身也常常受到第四诫的约束。

爱童年的自己

第二部

心理治疗中的传统道德与身体的知识

缺少了童年时的记忆，
就犹如你被判了刑，
身边始终拖着一个箱子，
但却不知道内装何物。
随着年纪越大，
这个箱子就越沉重，
而且你也会越按捺不住，
想要去打开它。

——尤雷克·贝克尔[30]

真正的成年也许意味着不再否认真相，意味着能去感觉自己体内被压抑的苦痛，有意识地认出身体记得的故事，并且去统一、整理这些故事，不再压抑它们。

导读

　　我在第一部里描述的作家都生活在 18 世纪中期到 20 世纪中期。自那之后，发生了哪些变化呢？除了童年曾遭受身体上或心灵上虐待的某些受害者会去寻求心理治疗，帮助自己摆脱最原始的伤痛所造成的后果之外，其实并没有多大变化。然而，不只是受害者，他们的心理治疗师也一样，常常对看清童年的所有真相有所顾忌。如果个案能真正抒发出他们的情绪，有意识地感觉情绪，并能对某人吐露这些过去从未被允许说出的情绪，有可能就能让症状出现短暂的好转。但只要心理治疗师本身依旧依附于某个形象，无论他是耶稣、弗洛伊德或是荣格[31]等，他就不太可能协助个案进行治疗。第四诫的道德规范常会使得双方动弹不得，而受害者的身体则将为此付出代价。

　　如果我今天告诉大家这种牺牲并非是必要的，人们可以摆脱传统道德与第四诫的不平等条约，而不必为此受到惩罚或伤害他人，那么我很可能会被人批评为天真的乐观主义。一辈子都被第四诫束缚，甚至依赖这种束缚的人，他们可能已经无法想象没有这种束缚的人生，我又如何能劝说他们摆脱束缚呢？我透过破解了自己的童年故事而成功地获得自由，但我必须承认自己并不是个好例子，毕竟，我花了超过40年的时间才抵达目前所在之地。我知道有人在非常短的时间之内就成功地挖掘出自身的真相，由于揭开了真相，他们逃离了逃避现实的秘密基地。我的这趟旅程之所以持续了那么长的时间，是因为我多年来都必须独自探寻真相。直到接近终点时，我才找到了可以疗愈我的陪伴关系。

　　我在找寻的旅途上，遇到了一些也在追寻自己故事的人。他们想了解自己为什么必须保护自己、是什么让他们害怕，以及这些恐惧与早年受到的严重伤害对他们一生的影响。他们大多和我一样，必须对抗传统道德的独裁专制。不过他们并不是全然孤独的，已经有很多书籍和团体可以帮助他们更轻易地解放自我。一旦他们证实了自己的感知之后，便不再迷惘，他们越是接近自己的真相，就越能去接纳自己的愤怒与惊骇。

亨里克·易卜生[32]曾使用"社会栋梁"这个词，指代那些利用自身权力位置且得利于社会的虚伪的人们。我希望那些认清自己故事且已经摆脱传统道德谎言的人们，可以成为未来社会"觉醒的栋梁"。作家都希望创作出优秀的文学作品，但他们却不去追寻自身真相与创造力的来源。如果无法觉察到我们生命之初所发生的事情，那么在我眼中，再优秀的文化或作品也是一场闹剧。因为大多数作家都害怕如此一来会丧失写作的能力。我在很多画家身上也发现了类似的恐惧，有些甚至非常明显地被呈现在画作之中：例如弗朗西斯·培根[33]、耶罗尼米斯·博斯[34]、萨尔瓦多·达利[35]，以及许多其他的超现实主义派。他们虽然透过自己的画作努力寻求沟通，但其实是在他们自喻为艺术的层面上维护他们对童年经历的否认。将艺术家的人生故事纳入作品的观察里，这在艺术产业里是项禁忌。但我认为正是这些无意识的故事一再地激发出艺术家呈现的新的表达形式。对艺术家与社会来说，这些故事必须保持隐密，因为它们可能会揭穿早期因不正确教养而遭受的苦痛，并导致"敬爱你的父母"这项戒律遭到蔑视。

几乎所有社会体系都支持这种对真相的逃避态度。毕竟，这些体系是基于人类这个群体而运作的，对一部分人来说，光是"童年"一词就让他们觉得害怕。这种恐惧感随处可见——在精神科医生的病房、心理治疗师的诊室，在律师的咨询室或在法庭上，其中以媒体最为突出。

一名在书店工作的女性职员在我上次造访时，提到了一个谈论儿童虐待问题的电视节目。这个节目列举了极端残忍的案例，其中也包括一位所谓的"孟乔森妈妈"[36]，这位母亲是个护士。她带孩子去小儿科看病时，营造出一个非常有爱心、非常关切孩子的母亲形象。但在自家，她却故意利用药物让孩子们患上各种疾病，最后导致孩子们死亡，然而并没有人怀疑这位母亲。书店女职员对于节目邀请的专家们没有讨论这种行为的原因感到非常愤怒，专家们反而暗示一切都是命运造成的，没有特别的原因，犹如这是上帝施加在父母和孩童身上的灾难一样。

"为什么那些专家不告诉我们真相？"她问我。"为什么他们不想想，或许这些母亲在童年时也曾遭受虐待，而且她们的所作所为很可能只是在重复那些曾经发生在自己身上的事？"

我告诉她："如果那些专家知道这些原因，他们会这么说。但显然他们并不知情。"

"这怎么可能呢？"这位女士坚决地说。"虽然我并不是专家。但是我读了一部分相关的书后，我和孩子之间的关系就大大改善了，连我都明白这个道理，为什么作为专家他们却说极端的虐童案例很少见，且还不清楚它的起因呢？"

这为女士的态度让我明白我还必须再写一本书——即便这需要一段时间才能让许多人认为这本书可以帮助他们减轻苦难。但我相信现在已经有很多人透过自己的经验，证实了这本书所揭露的真相。

我想将早期童年经验的深远影响告诉梵蒂冈教廷，对于那些从生命之初就学会将真实的、自然的感觉强力压抑下去的男男女女，要唤起他们的同理心是多么困难，因为他们真正的自然感觉显然已经荡然无存了。他们不再对其他人的感觉感到好奇。童年心灵遭到残害的人们俨然活在一个内在的防空洞里，他们在里面向上帝祷告。他们把自己的愿望交付给上帝，乖乖地跟随着既定的规章，避免因任何一点疏忽而被惩罚。

　　萨达姆在 2003 年底被逮捕后不久，由于梵蒂冈的倡议，对这位肆无忌惮且一直令人害怕的暴君，突然多了许多来自世界各地的同情之声。我认为我们在批判暴君时，不能单纯只因为对他个人的一般同情心，就忘掉他的所作所为。

　　根据传记作家朱迪思·米勒[37]与萝莉·麦尔罗伊[38]在 1990 年出版的《萨达姆与波斯湾危机》一书中的记载显示，萨达姆于 1937 年 4 月 28 日，出生于一个靠近提克里特的农民家庭，家中非常困难。他们家没有属于自己的土地。萨达姆的生父在他出生之前就去世了。他的继父是个牧民，经常用侮辱性的词语羞辱萨达姆，继父会毫不留情地殴打他，用各种残忍的方式折磨他。为了剥削这个无法独立的孩子的劳力，直到萨达姆 10 岁为止，继父都禁止他上学。继父经常在半夜叫他起床，命令他看管牧群。在这最易受影响的年纪，每个孩子都会发展出他独特的世界观以及对生命的评价。愿望会在心中滋长，期待着实现的那天。对于萨达姆——这个继父手里的囚犯来说，他希望得到的只有：凌驾于他人之上的无限权力。或许在他的脑海中构筑的概念是：他只有在对别人拥有了像继父凌驾于他之上的那种权力时，他才能找回自己被偷走的尊严。他在童年时期完全没有其他模范、没有其他榜样，只有继父完全的操控。于是长大成人后的他，便根据这种模式在该国组织起集权结构。因为他的身体除了暴力之外不认识其他东西。

所有独裁者都会否认曾在童年遭受的苦痛，并且尝试透过妄自尊大去忘记那些苦痛。不但是一个人的无意识心智会将他完整的故事都刻划在身体细胞里，这些潜意识的里的故事终有一日会逼他去面对自己的真相。萨达姆携带巨款找到的避难处正好位于他的出生地附近，他小时候从未在此获得任何援助，他选了一个根本不可能保护他的危险地区。他选择躲避追捕的这个地方，恰恰反映出他童年的绝望，而且清楚说明了他强迫性的重复。他已经无法逃脱追捕，而他在童年时，同样也没有任何逃脱的机会。

事实证明暴君的性格在他人生的进程中不会有所变化，他会用毁灭性的方式滥用他的权力，直到不再有人反抗他为止。因为他真正的、无意识的或隐藏在一切有意识行动背后的目的，依旧没有改变，那就是透过权力来掩盖童年经历与被否认的屈辱。但这个目的却从未达成。只要否认当年的苦痛，往事就不会被抹灭，也不会被克服。因此，独裁者努力想要达成的目标也注定会失败。强迫性的重复会不断被复制，会一再有新的受害者被迫为此付出代价。

希特勒[39]通过他个人的行径，在全世界面前展示了他的父亲是如何用毁灭性的、毫无同情心的、炫耀的、肆无忌惮的、吹嘘的、性反常的、自恋的、短视的以及愚蠢的方法对待还是个孩子的他。希特勒透过自己无意识的模仿，依旧忠于父亲。独裁者都是出于相同的理由，例如伊迪·阿敏[40]和萨达姆，他们的恶行都非常相似。萨达姆的一生即是一个突出的案例，在童年遭受了极端羞辱的他，日后为了复仇，让成千上万的受害者成为他复仇的牺牲品。我们从这些事实中可以看到的否认也许显得很荒诞，但造成否认的原因却不难理解。

肆无忌惮的独裁者想唤醒的是曾被殴打的孩子们心中压抑的恐惧和焦虑，这些孩子不可能去指控自己的父亲。而且即便承受着苦痛，他们依旧对自己的父亲忠心耿耿。每个独裁者几乎都在依附着父亲，期望有朝一日能透过自己盲目的追随，将父亲的爱召回。

　　或许是这种期望激发了罗马天主教会代表们展现出对萨达姆的同情心。我在 2002 年，曾将有关研究虐待孩童会导致的后果的相关资料交给梵蒂冈，并请求他们能启发年轻的父母。我曾向几位主教寻求支持，不过如前所述，对于那被全世界忽视但至关重要的孩童虐待问题，并未引起任何一位主教的兴趣，甚至连任何一丁点怜悯的迹象也没显露出来。而如今他们却明确展现出他们的怜悯之心。但特别的是，他们怜悯之心的对象既非受虐的孩童，也不是萨达姆的牺牲者，而是针对萨达姆本人，针对一个肆无忌惮的令人害怕的暴君。

　　曾经遭到殴打、折磨与羞辱的孩子，如果不曾接受"协助见证者"[41]的帮助，一般来说日后将会发展出对拥有父母形象之人所做出的残忍行为的巨大包容心，而且会冷漠地对待同为受虐儿童所遭受的相似的苦痛。他们完全不想承认自己曾经也是这些孩子中的一份子的事实，冷漠的态度让他们不必张开双眼，即便他们深深相信自己的行为是正确的，但依旧会因此成为恶行的辩护者。这些人自小就学习必须去压抑、否认自己的真实感觉。他们必须学习不去信赖这种感觉，只能相信父母、师长以及权威的规定。他们长大后，又因为不同的职责而无暇去体会自己的感觉，除非这些感觉完全符合他们脑海中的父权价值体系。即便这个体系是极具毁灭性的。对暴君的仰慕者而言，只要通往他们自身童年苦痛的入口依旧牢牢封闭着，那么暴君的行为在他们眼里就是可以被宽恕的。

一·虐童问题的客观存在

过去几年在"我们的童年"论坛上阅读文章时，我一直注意着一件事。大部分新来的访客都会写道，他们已经在这个论坛上看过许多内容了，他们怀疑自己是否来对了地方，因为他们在童年时期根本没遭到虐待过。他们被这里报道的苦痛吓到了。他们说，虽然自己童年偶尔会被殴打、蔑视或贬抑，但他们却未曾像其他论坛成员那样地受过这么多苦。不过随着时间的流逝，就连新来的访客也会开始诉说起自己父母令人愤怒的行为，那些行为完全可以被称作虐待。多亏其他论坛成员的同理心，他们终于能慢慢接受自己的真实感觉。

这种现象反映了人们对儿童虐待的态度。虐童最多只会被视为父母所犯下的"无心之过"，父母是出于最好的立意，但教养对他们来说太过艰巨了。失业或超时工作会被解释成父亲打孩子耳光的原因，而婚姻关系紧张则被搬出来解释母亲为什么会用衣架打小孩。这些荒谬的解释就是我们赖以为生的道德的"准则"，这个道德系统从来都是站在成人那边对付孩子。由这个观点出发的人，绝不会感知到孩子的苦痛。这个认知让我有了成立论坛的想法，人们可以在此说出他们曾遭遇的苦痛，并借此逐步让世人看见，小孩子在没有社会支持的情况下必须忍受多大的苦痛。多亏了论坛上的文章，让人能够理解"恨"这种极端形式是如何产生的。"恨"会让原本无辜的孩子，在长大成人后将疯狂的幻想化为实际行动。

有关童年、虐待与侮辱会给普通孩子带来怎样的影响，这个问题一如既往地被大众忽略了。无论是因此变得残暴，或因此而生病的人，都有一个共同点：他们都会为曾经狠狠责打他们的父母辩护，反击所有谴责。他们不知道虐待将他们变成了什么，他们不知道自己为此承受了多少苦痛。更重要的是，他们也不想知道。他们认为发生在身上的事，全都是为了自己好。

　　虽然市面上有许多自我疗愈的书籍以及心理治疗的文献都说着同样的故事。但是我们很少看到明确支持、站在孩子这边的作者。他们总是建议读者要"跳脱"受害者的角色，不要去谴责那些在他们人生里做了错事的其他人，要他们去做真正的自己。让读者认为这才是能将自己从过往释放的唯一方法，并且还要和父母维持良好的关系。对我来说，这些建议正显现了黑色教育及传统道德的矛盾，而且相当危险。因为这让曾遭受折磨的孩子置身于迷惘与道德的不确定状态中，他或许一辈子也无法真正长达成人。

　　真正的成年也许意味着不再否认真相，意味着能去感觉自己体内被压抑的苦痛，有意识地认出身体记得的故事，并且去统一、整理这些故事，不再压抑它们。至于能不能维持与父母之间的联系，则取决于个人。最重要的是，要中止对童年内化的父母的错误的依附关系。它是由许多不同的成分组合而成的，例如盲目的感谢、同情、期望、否认、幻想、服从、恐惧与害怕，等等。

　　我一直在想为什么有些人的心理治疗见效了，而有些人历经了长年的精神分析或心理治疗，却仍然深陷在自己的病症之中无法摆脱？看过这些案例后，我能够确认的是，当人们获得治疗的关注和陪伴时，当他们发掘自己的故事时，当他们自由地表达对父母行为的愤怒时，他们才能脱离对父母无条件的依附。身为成年人的他们才能更自由地塑造自己的人生，而且不再需要去记恨父母。相反地，被心理治疗师敦促要去遗忘和原谅，且相信着宽恕真的能有疗效的人们依旧会被束缚在孩童时的姿态中。他们会持续受到内化的父母控制与破坏（以疾病的形式）。这种依附关系其实是有利于恨的发展的，恨虽然被抑制了，但仍会导致人们去攻击无辜的对象。因为我们只有在觉得完全无力时才会去恨。

我收到的上百封信件中，有位患有过敏症、名叫宝拉的 26 岁女性告诉我：在她小时候，每次叔叔来访都会当着其他家族成员的面无礼地触碰她的胸部。但是，这位叔叔却是家庭成员中唯一会去注意她的人。没有人出手保护宝拉，当她向父母控诉时，父母却说她不该准许叔叔这么做。父母没有站在她这边，而是把责任推到这个孩子身上。后来叔叔罹患癌症，宝拉并不想去看他，因为她现在依然很生叔叔的气。但宝拉的心理治疗师却认为，她日后将会懊恼自己的排拒，而且在这个特殊时期，她没必要去触怒家人。这对她没有任何好处。因此，宝拉去拜访了叔叔，压抑了自己真实的感觉。叔叔过世后不久，这段记忆产生了变化，她甚至能感觉到对这位已故叔叔的爱。她的心理治疗师对宝拉非常满意，宝拉自己也完全认同：爱治愈了她的恨意与过敏症。然而，她突然出现了严重气喘的症状，呼吸困难，她完全无法理解为什么会罹患新的疾病。她已经净化自己了，她已经能够原谅叔叔，而且也不再对他怀恨于心了。那么为什么会遭到这种惩罚呢？她以为这次发病是在惩罚她过去的不满与愤怒的感觉。后来她读了一本我的书，促使她给我写信了。当她放弃对叔叔的"爱"，气喘就消失了。宝拉的感觉其实是"服从"，而不是爱。

还有一位女士在接受了几年的精神分析治疗后，腿部出现疼痛的症状，她对此感到很惊讶，医生也找不到疼痛的原因。最后，内科医师认为可能还是心理方面的问题。她开始对她所谓的幻想进行精神分析，幻想内容是她过去遭到父亲的性侵。她非常相信精神分析师告诉她的这只是她的想象而不是真实的记忆。但所有推测都无法帮助她了解，为什么她的腿会有这种疼痛症状。当她最后停止精神分析后，腿痛神奇地消失了。其实腿痛对她而言是种信号，即她身处在一个她无法"举步离开"的世界。她想要逃离错误的引导，但她却不敢这么做。这段时间，她的腿痛是为了阻止她逃跑，直到她决定停止精神分析，同时不再期望精神分析能提供任何帮助。

我在这里试着描述的依附关系，指的是与施虐父母之间的依附，这种依附阻碍了我们帮助自己。我们童年未获得满足的需求，日后将会转嫁到心理治疗师、伴侣以及我们自己的孩子身上。我们无法相信，这些需求真的被父母忽视了。我们希望那些现在和我们有关联的其他人，终将会满足我们的请求，尊重我们并且替我们做出艰难的人生决定。由于这种对否认童年现实的期望会不断滋长，因此我们无法抛弃对童年现实的否认。但如果我们决定接受自己的真相，它们就会逐渐消逝。这并不是件简单的事，多半都会伴随痛楚。但这是有可能办到的。

论坛中出现有人对自己父母的某些行为报以愤怒的反应的话题时，有一些人会感到很生气，虽然他们根本不认识对方的父母，让他们生气的其实是发帖者控诉父母的行为，但是单纯地控诉与认真看待事实是两回事。因此，很多人宁可压抑他们从前的感知，避免看见真相并且不断理想化父母的行为，对过去妥协。不过，他们依旧被束缚在孩童时的期望态度之中。

我在1958年开始了我的第一次精神分析。现在回头看的话，我觉得我当时的精神分析师受到了传统道德的强力渗透。但我却无法察觉，因为我自己也是伴随同样的价值观长大的。当然，这说明我无法承认自己曾是个受虐儿。为了找出这个事实，我需要一个见证者，此人必须已经走过这条路，而且不再认同我们社会中对儿童虐待的常见的否认行为。在四十多年以后的今天，这种态度依然存在。那些宣称站在儿童这边的心理治疗师，他们的说词多半都包含一种"矫正"的态度，他们完全没有觉察到，自己是因为从未反思事实才有这种态度。虽然有些治疗方式引用自我的著作，并且鼓励他们的个案要用正确的方式对待自己，而不是去迎合其他人的要求；但我若用读者的身份来看这些治疗师的报告，会觉得他们给出了一些根本不可能遵循的建议。某些个人经历却被当作需要矫正的性格缺陷。我们被告知要尊重自己，要评价自己的特质，以及我们应该要这样做或那样做。他们设计了一大堆帮助人们重获自尊的方法。但同时也在心中抵抗这些方法。依我看来，人们无法评量自己、不懂尊重自己、不能随意使用自己创造力的关键在于：没办法自发地放下障碍。这些障碍是每个人自身故事的产物。他们想要了解自己为什么会变成现在这个样子，就必须尽可能精确地清楚自己的故事，而且需要在情绪上有所投入。当他理解了事实，而且也能去感觉自身故事的含义时（而不只是在表面上有所获得），也就不再需要任何建议了。只有知情见证者能陪他们一同走上通往自身真相的道路，在这条道路上他们将会看到自己一直以来所期待但又必须忘记的东西：信赖、尊重以及对自己的爱。我们必须放弃期待父母有朝一日将会给我们那些在我们童年时没有被给予的东西。

这就是为什么迄今只有少数人能够真正踏上这条道路，其他人则遵守着他们的心理治疗师所提供的建议，或让宗教的概念阻碍自己去发现自身真相。我在前面也指出，恐惧是决定性的原因。但我也相信当儿童虐待不再是社会的禁忌时，这种恐惧将会变少。受害者之所以会否认虐待的存在，正是因为这种出自幼年的恐惧。但如果受害者开始叙说当年发生在自己身上的事，心理治疗师也会被迫去面对现实。不久前，我听到一位知名的德国精神分析师公开地宣称，他在问诊时很少遇见童年曾受虐的受害者。这种说法令我相当诧异，因为我不认识任何饱受精神疾病之苦而且想接受治疗的人，是在童年连被打或被羞辱都没经历过的。虽然这种形式的羞辱几千年来都被低估了，而且这些都被称作"教养措施"，但我会称之为"身体及心理的虐待"。这或许不只是定义的问题，不过在这种情况之下，定义却是关键的。

二 · 感觉的旋转木马

不久之前，我路过一座给儿童乘坐的旋转木马，我站在那里看了好一会儿，一同享受孩子们的喜悦。在这些大多是两岁左右的孩子们脸上表现出来的，主要的是喜悦。但在有些孩子脸上也能明显看到恐惧，他们就这样坐在木马上，在没有人陪伴的情况下用这种速度旋转着。这种恐惧混杂着已经"长大"的骄傲，他们可以坐在旋转木马上系着安全带的小车子里。或许他们会好奇接下来会发生什么，也会不安地寻找父母站在何处。我可以看见所有这些感觉在不同时刻的转变，我也观察到一些意外的动作会引起激动的响应。

我不禁在想：当一个两岁小孩的身体被有性需求的成年人滥用时，这孩子会发生什么事呢？我到底为什么会有这种想法呢？或许是因为那些孩子表达的喜悦透露着一股紧张，

青心文化 书目

2023／2024

在阅读中疗愈　在疗愈中成长
READING & HEALING & GROWING

《零极限：创造健康、平静与财富的夏威夷疗法》

[美] 乔·维泰利 / [美] 伊贺列卡拉·修·蓝 / 著 | 胡 尧 / 译

作为世界超级畅销书，由《秘密》作者之一乔·维泰利主笔，讲述了他在一个夏威夷精神病院中遇见世界上奇特的治疗师修·蓝博士的故事。如果你用不受限的眼光看世界，让心智回到"零极限"的状态里，那每一件事都是可能的。

《新·零极限》

[美] 乔·维泰利 / 著 | 彭 展 / 译

正宗《零极限》续集！《零极限》没说完的事，本书一次告诉你！附带超值附录，只有参加"荷欧波诺波诺"课程才能学到的奥秘！

零极限少儿读本

《最简单的成长方式》

[美] 玛贝尔·卡茨 / 著 | 吕 娜 / 译

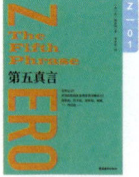

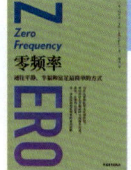

《你值得过更好的生活》

[美] 罗伯特·沙因费尔德 / 著　胡　尧 / 译

寻找人生彩蛋，收回失落的力量！其实你本来就很富有，只是欠缺把富有找出来的工具。人生就是一幅"全息图像"，如何跳脱出这幅图像来审视自身或者审视自己的生活，是本书希望传达给我们的重要理念。

69.00 元

《你值得过更好的生活 2》

[美] 罗伯特·沙因费尔德 / 著　李　彦 / 译

你的本然状态是丰盛的，你拥有无限的力量、智慧以及真正的快乐！透过本书，你也许会感到惊喜、欢乐和兴奋，也可能会感到震惊、感到困扰，但不管怎样，这本书都将给你带来更多挑战，并拓展你的能力，为你开启一扇崭新的机遇之门。

69.00 元

《与生命和解》

卢熠翎 / 著

我们在不知不觉中的一些行为，往往都跟我们与原生家庭的关系分不开。本书作者卢熠翎老师，将带领你透过原生家庭内部的心理动力研究和探索，帮助你找到影响我们人生成长的因素，突破人生中的限制，获得真正的幸福与丰盛。

69.90 元

《是谁触碰了你的情绪按钮》

卢熠翎 / 著

你是那个经常被情绪拖垮的人吗？本书从生物学的角度介绍负面情绪产生的原因，认知、信念和情绪之间的关系，以及能够帮助你转化负面情绪的方法。

79.00 元

RATION

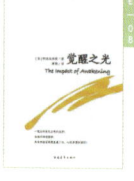

E - 个人探索系列

M - 大师系列

01 《内在工程》| 79.00 元   05 《我在》| 79.00 元

02 《幸福的三个真相》| 69.00 元   06 《我就是那》| 99.90 元

03 《庆祝宁静》| 69.00 元

04 《走向静默，如你本来》| 89.00 元

N - 非暴力沟通系列

01 《非暴力沟通教材·初级》| 69.00 元
02 《非暴力沟通教材·中级》| 69.00 元
03 《非暴力沟通教材·高级》| 59.00 元
04 《青春期的非暴力沟通》| 79.00 元
05 《同理心的疗愈力量》| 79.00 元

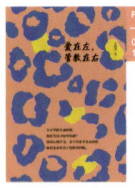

P - 亲子系列

01 《爱在左，管教在右》| 79.00 元
02 《孩子，你可以更勇敢》| 69.00 元
03 《认识你的小孩》| 69.00 元
04 《我家孩子青春期》| 79.00 元
05 《成为学习型父母》| 89.00 元
06 《成为教练型父母》| 即将上市
07 《育出生命的奇迹》| 49.00 元

Y - 瑜伽系列

一种夹杂着喜悦的不信任感。我心想这快速旋转的东西可能会让他们的身体觉得有些陌生、不习惯以及感到不安，他们的脸才会在离开旋转木马之后显得不安而迷惘；这些孩子全都紧抓着父母不放。我便想到或许这种形式的快感根本不适合这种年龄，这么小的小孩在心智或心灵上根本就还不适合。联想一下：一个女孩在很小的时候被性侵，她会有什么感觉呢？如果小女孩几乎不怎么被母亲触碰，而母亲之所以拒绝碰触自己的女儿，是由于母亲自己童年时期的遭遇，那么，小女孩会非常渴望被碰触，以至于她会心怀感激地接受任何形式的身体接触，因为她会认为这是在满足她的愿望。因为这个孩子总会模糊地察觉她原本的希望、她对真正的沟通以及对温柔碰触的渴望。

这小女孩也可能深深压抑下她的失望、悲伤与愤怒等真实的感觉，这些感觉是由于未履行的承诺以及自然天性受到背叛而引起的。同时她可能会继续依附着她无法放弃的那个希望——希望父母有朝一日会遵守第一次拥抱她时的承诺，将她的尊严还给她，并让她知道什么是爱。因为除此之外，周遭没有任何人对她做过任何爱的承诺。不过这可能会是个没有结果的希望。

这可能导致这女孩在长大后必须寻求心理治疗的协助，因为让自己疼痛是使她唯一有愉悦感的方式。事实上，自残是她唯一能有所感觉的方式，这是由于性侵害导致她几乎扼杀了自己的感觉。又或者这个女孩会像德国作家克里斯蒂娜·麦尔在 1994 年出版的《双重秘密》中描述的一样：麦尔的生殖器罹患湿疹，前去寻求治疗，这些病症明显指出她小时候曾被父亲性侵。麦尔的精神分析师虽然没有立刻联想到，但她真心诚意地陪伴着麦尔，直至麦尔能从完全的压抑中取出那段被父亲残忍而野蛮地侵害的过去。整个精神分析治疗持续了 6 年之久，包括团体治疗以及其他的身体疗法。

如果从一开始，精神分析师就能将生殖器上的湿疹视为孩童身体曾被剥削的明示，那么治疗过程或许可以缩短。16 年前的分析师，似乎不太可能办得到。麦尔的分析师认为，如果在建立起一段好的分析关系之前，就让她面对真相，她可能会承受不住。

我以前或许会赞同这样的想法。但根据我后来的经验，我会倾向于对过去曾被施虐的孩子说出事实以及给予他们陪伴，揭露事实永远都不会太早。克里斯蒂娜·麦尔以一种罕见的勇气与自己的真相搏斗，她值得从一开始就被人在黑暗中看见并陪伴她。她一直梦想有机会能让精神分析师抱抱她、安慰她。但她的精神分析师却忠实地跟随着学校的教导，并没有满足麦尔这个无害的心愿。如果她曾这么做了，或许她能让麦尔深信：世上有种温柔的拥抱能尊重人与人之间的界线，且颠覆她在这世上是孤单一人的感觉。时至今日，已经有许多种可以使用的身体治疗方法。然而，就精神分析的角度来看的话，满足病人想要被拥抱的简单愿望绝对是符合逻辑、依照规范的。

现在回头想想孩子们玩旋转木马的画面。在我眼中，他们的脸上除了喜悦以外，也有恐惧与不适。当然不能一概而论地将之与乱伦相比，它只是我突然想到的念头，让我联想到小孩与成年人常会遭遇到的矛盾情绪，绝对要认真看待这个事实。当小孩和成年人相处时，如果成年人不试着弄清自己的感觉，会制造出一团混乱和极度的不安。为了逃离这种迷惘又不安的感觉，我们只能抓住解离与压抑的机制。我们感觉不到恐惧，我们爱着我们的父母，我们信赖他们，而且试着无论如何都要满足他们的期望，让他们对我们感到满意。直到长大成人后，这种恐惧又出现在我们的伴侣身上。我们并不了解这种恐惧。我们就像童年时一样，为了被爱而无声地接受他人的矛盾。但身体却显示出对真相的需求，并在我们仍旧不愿去承认那个曾遭受侵犯孩子的恐惧、愤怒、不满与惊骇时，制造出病症。

如果我们忽略了当下与那些情况的交战，那么无论怎么努力，我们也无法完整回忆起在童年时发生了什么。只有解决了当前的依附，我们才能修复过去的伤痕。唯一的方法，就是清楚看见并排除那最早的依附关系所造成的后果。举例来说，有位名叫安德烈亚斯的中年男子，从几年前开始为体重过重的问题所苦，他怀疑这个折磨他的症状与他和父亲之间的关系有关。他小时候，父亲既专制又会对他施虐，但他无法解决这个问题。为了减重，他尝试了所有可能的方法，遵照所有医生的处方，他也能感觉到自己童年时对父亲的愤怒，但这一切都没有帮助。安德烈亚斯偶尔会情绪失控：他会怒骂自己的小孩，虽然他并不愿意这么做；他会对着伴侣大吼大叫，虽然他也不愿意这么做；他靠着酒精来冷静自己，但他不认为自己是个酗酒者。他希望能与自己的家人和睦相处，酒能帮助他控制住激烈的怒气，而且也能让他有种舒服的感觉。

在我们的一次谈话中，安德烈亚斯提到，他无法让父母改掉没有事先以电话通知，就突然造访他家的毛病。我问他是否曾表达过他的想法，他激动地告诉我，他每次都会说，但都被父母拒绝了。他的父母觉得自己有权来坐坐，因为这是他们的家。我很惊讶地问，为什么会说那是他们的家，接着我才知道安德烈亚斯确实租了他父母的房子。我问他，难道没有一间房子是他可以用同样或者稍微高一点的租金租到，让他不要再依赖父母，并避免他们随时突袭以及占用他的时间吗？这时他的眼睛瞪得大大的。他说他从未想过这个问题。

这听起来很不可思议。其实不然，我们知道这个男人依旧被束缚在童年的处境中，在这种状态下，他必须服从租给他房子的父母的权威、意愿与力量，并由于害怕父母将他赶出去而看不到出路。这种恐惧如今依旧伴随着他；他一如往常地吃得过多，即便是在他努力节食的时候也一样。他对正确"滋养"——也就是不依赖父母以及照顾自己的身体健康的需求是如此强烈，其实这需要通过一种适当的方法去满足，而不是借由暴食来获得。食物永远也无法满足对自由的需求。暴饮暴食的自由并无法止住自主的饥饿感，它不能取代真正的自由。

在安德烈亚斯离开之前，他坚定地说："我今天要去发布一则征求租屋的广告，我确信自己不久后可以找到一间房子！"才过了几天，安德烈亚斯就告诉我，他已经找到房子了，比起他父母的房子，他更喜欢这间，而且他需要付的租金还更低。为什么他要花这么久的时间才想到这个解决办法呢？因为住在父母房子里的安德烈亚斯怀抱着希望，他希望有朝一日能从父母身上获得自己童年时期极度渴望的东西。但父母在他小时候拒绝给予的，就算在他长大成人后也不可能会给他。父母依旧待他如自己的财产，当他表达自己的心愿时从未倾听，对于他投入金钱改建房子而没有获得任何回馈一事，他们认为这是理所当然的，因为他们是他的父母，所以他们有此权力，安德烈亚斯也是这么想的。直到他和一位知情见证者对谈后，他才睁开了双眼，而我就是那个与他对话的知情见证者。直到此刻，他才意识到他让自己像小时候一样被压榨，而且还认为必须对此心怀感激。现在的他有能力放下幻想：父母终有一天会改变的。几个月后，安德烈亚斯写了封信给我：

　　当我说要退租的时候，我的父母试着让我有罪恶感。他们不想让我走。当他们发现无法再强迫我的时候，他们提议要降低房租，并且还给我一部分我投入的金钱。这时我发现，受惠于此协议的人不是我，而是他们。对于这些所有的建议，我一项也没接受。不过这整个过程并非没有痛苦。我必须睁开眼睛清清楚楚地看到真相，而这是很痛的。我感觉到那个孩子的苦痛，我曾是那个孩子，这个孩子从没被爱过、从未被倾听、从未被关注、一直让人压榨，永远只是等待着、盼望着，期待会有转变的一天。现在神奇的是，我越去感觉，我的体重就越轻了，我不再需要依赖酒精来掩饰自己的感觉了。我的脑袋变得更清晰，偶尔当怒气来袭时，我知道它的对象不是我的小孩，不是我的妻子，而是我的母亲与父亲，我现在可以抽走对他们的爱了。我意识到这种爱与我被爱的渴望没什么不同，它从未得到满足，我必须放弃它。我发现我不再需要像以前吃得那么多了，我也不会觉得过度疲累，我的精力又再度为我所用，这也显示在我的工作上。

　　渐渐地，我对父母的愤怒减弱了，因为我现在会为自己做我所需要的事，而不再等着他们去做。我不再强迫自己去爱他们（何苦呢？），不再害怕他们死后我会有罪恶感。我猜他们的死亡将会给我们彼此带来一种解脱，因为我们彼此虚伪的样子不会再出现了。不过我现在也已经开始尝试去脱离这种感觉了。我给我父母的信越来越实际和真实，他们因而感到痛苦，因为这些信没有以前的那种情感。他们希望我能回到我以前的样子。我办不到，而且我也不想这么做。我不想再继续扮演他们在那出戏里强迫我要扮演的角色了。在经过长时间地探索之后，我终于找到了一位心理治疗师，他给我的印象很好，我希望在他那里可以像和您对谈时那样，开诚布公地说话，不要掩饰真相，即便是我自己的真相也一样，而最令我高兴的是我做出了离开那间房子的决定，那间房子将我绑在那些永远也无法达成的希望上，绑了那么久。

　　我曾经为一场质疑第四诫的讨论会作过引言，我问道，曾对童年的我们施以虐待的父母，我们对他们的爱是由什么组成的？答案不用长思便很快出现了。各式各样的感觉被举出来：对年老的、多病之人的同情；感谢从他们那里获得生命，以及那些没遭到鞭打的日子；害怕成为坏人；必须原谅父母的行为，否则就不是真正的大人等。那是一场激烈的讨论会，会中各人提出的意见都相互质疑。其中有一位名叫鲁丝的女性与会者，以一种出人意料的坚定态度说：

　　我可以用我的人生证明第四诫是场骗局。因为自从我不再受制于父母的要求，不再去满足他们那些说出口或未说出口的期待之后，我觉得我比以前任何时候都要健康。我的病痛消失了，我不再被孩子们激怒，现在的我觉得那一切都是因为我想遵从第四诫所以才会发生，这对我的身体一点好处也没有。

　　鲁丝认为第四诫之所以有力量可以操控我们，是因为它支撑着恐惧感与罪恶感，这些感觉是父母很早就灌输给我们的。在鲁丝认清自己其实根本不爱父母之前,她很焦虑,她想去爱父母,而且她和父母都被这种爱的感觉欺骗了。一旦她接受了自己的真相,恐惧便离她而去了。

我想很多人可能都会有同样的感觉,如果有人对你说:"你不必爱你的父母,不必尊敬他们。如果他们曾经伤害你,你不需要强迫自己去感觉自己感觉不到的东西。强制和强迫从来就没衍生出什么好东西。就你的状况来说,强制和强迫会引发毁灭,而你的身体将就此付出代价。"

这场讨论证实了我的感觉,我们有时候一辈子都服从着一种幻象,以教育、道德或宗教之名强迫我们去忽视我们与生俱来的需求。它压抑、对抗这些需求,导致最后以生病的方式付出代价,我们既无法了解这些疾病的意义,也不愿去了解,并且试着以药物来控制病症。当病患借由心理治疗让被压抑的情绪觉醒了,因而有幸成功地找到通往真实自我的入口,就像戒酒无名会发挥的激励作用一样,有些心理治疗师就会把这归于"更高的力量"。他们借此让我们相信每个人都有与生俱来的信心:相信自己有能力去感觉什么是对自己好、与什么是不好的。

以我自己为例，我的这种信心从一出生时就被父母丢了。我必须借由母亲的双眼去看、去评判所有我感觉到的事物，而我自己的感觉与需求则被扼杀了。因此，我感觉自己的需求与满足需求的能力严重丧失。举例来说，我必须花掉我这辈子 48 年的时间才发觉我有绘画的需求，并且允许自己去满足这种需求，直到确立这种需求。要我接受我有权不去爱父母，花的时间则更久了。我越来越清楚地察觉到，被迫去爱某个损及我人生的人，对我的伤害更深。因为它让我远离了我的真相，强迫我欺骗自己，去扮演一个我从很小的时候就被迫接受的角色——一个"好女孩"的角色，她必须服从那些伪装成教养与道德的情绪要求。我越忠于自我、越能接受自己的感觉，我的身体就越能清楚地发声，同时引领我帮身体表达出它与生俱来的需求。我能够停止参与其他人的游戏，停止告诉自己只看父母好的一面，停止再像小时候那样不断迷失自己。我可以自己决定要长大了。而且，不再迷惘。

我不亏欠我的父母任何感激，因为他们原本就不期待我的降临。这场婚姻是双方家长强迫他们接受的。我被两个听话的孩子在没有爱的基础下制造出来，他们背负着顺从自己父母的义务，并且将一个他们根本不想要的孩子带到这世上来。祖父母希望他们生男孩，然而他们生下了一个女孩，这个女孩几十年来都试着尽她所能来让他们快乐。这其实是个毫无希望的尝试。不过，身为一个想存活下去的孩子，我除了努力去做之外，别无选择。我一开始就收到了一项盲从的任务，就是要无条件地给予我的父母肯定、关注与爱，这些都是我的祖父母没有给他们的东西。如果我的努力成功了，就必须放弃我自身感觉的真相。尽管付出了努力，但我一直有很深的罪恶感，因为我的任务无法完成。除此之外，我也对自己有所亏欠。我开始有这种感觉是在我撰写《幸福童年的秘密》一书时，许多读者都在这本书中看到了自己的命运。然而，几十年来我仍然试着完成我父母交付的任务，即使我已成年。我也试着为我的伴侣、朋友以及我的孩子们做这些。每当我试着摆脱拯救其他人脱离迷惘的责任时，罪恶感几乎快让我活不下去。直到人生很后期我才终于成功摆脱。

在解除我对内化父母的依附这条路上，抛弃感激之心与罪恶感是非常重要的一个步骤。不过还有其他步骤也必须做到，主要是放弃期望我在和父母的关系里错失的东西——开诚布公的情感交流、自由的沟通等，放弃这些终有一天可能会实现的期待。上述这些，也许在我和其他人之间是有可能实现的，但只有在我了解童年的所有真相之后才有可能。并且，我得理解要和我的父母敞开心扉地沟通是多么难以想象，以及我小时候因此承受了多大的痛苦。直到那时起，我才找到了可以理解我的人，我能对着这些人敞开心扉且自由地表达。我的父母已经过世很久了，我可以想象对那些父母仍健在的人来说，这条路更艰巨。源自童年的期待，可能会强烈到人们愿意放弃所有对自己有好处的东西，只为了达成父母对我们的期望，不想失去爱的幻象。

例如，卡尔这样形容他的迷惘：

我爱母亲，但她不相信我，因为她把我和父亲混淆了，父亲曾折磨过她。但我和父亲不一样。她让我很生气，但我不想让她看到我的怒气，因为如此一来她就能证明我和我的父亲一模一样，但这不是真的。于是，我必须克制住我的怒气，不让她找到理由证明她的想法是对的；可是我这么做之后，我却感觉不到对她的爱，只剩下恨了。我不想要这种恨，我希望她能以我的样子来看待我并爱我，而不是像对我父亲那样去恨我。我究竟该怎么做才对呢？

如果为了让别人高兴而去做事，则永远无法做出对的事。人只能做自己，而且也无法强迫父母爱我们。这世上有一种父母，只会爱自己孩子的假面。一旦孩子揭下面具，他们常常就会说出前面安德烈亚斯的父母对他所说的话："我只希望你回到以前的样子。"

我们可以"赢取"父母之爱的幻象，只会经由否认已经发生的事情来维持。如果人们决定正视所有与真相有关的部分，并放弃透过酒精、毒品与药物而培植起来的自我欺骗，幻象便会崩毁。35 岁的安娜是两个孩子的母亲，她问我："我妈妈一再地对我说：'除了让我看到你的爱，其他的我什么都不要。你以前会这么做的，但你现在变了。'我该怎么回答她呢？我其实想回复她：'是的，因为我现在觉得以前没有真诚地对待你。现在我只想当一个真诚的人。'"

我问安娜："这样说有何不可呢？"

安娜回答道："没错，我有权利站在我的真相这一方。而且其实她也有权利从我这里得知她感觉到的是事实。这说起来很容易，但同情心却阻止了我对母亲坦诚相待。我觉得她很可怜，她小时候从没有被爱过，因为她一出生就被送走了。她依靠着我的爱，而我不想从她身边抽走这份爱。"

我问："你是独生女吗？"

"不是，她有五个孩子，每个孩子都用他们能做到的方式去伺候她。不过这显然还不足以填满她那个自幼就存在的感情空洞。"

"所以你认为你可以用谎言填满她的空洞吗？"

"不，这是办不到的。你说得没错。为什么我要出于同情而给她我根本感觉不到的爱呢？我究竟为什么要欺骗她呢？这对谁有益呢？我以前一直生病，但自从我觉得在感情与金钱上遭到了母亲的勒索，并因此能承认自己其实根本不爱她之后，我就不再生病了。但要告诉她这些，还是会让我觉得害怕，现在我会自问，我想透过同情给她的是什么呢？除了谎言之外，并没有其他东西。我对自己的身体有所亏欠，所以我不能再这样下去了。"

如果我们愿意像我在这里所尝试的，正视"爱"里的各种成分：感谢、同情、幻象、否认真相、罪恶感、掩饰——这些全都是组成依附关系的各种成分。而不正确的依附关系常常会让我们生病，也无法使父母得到任何真正的好处，一大部分人都把这种病态的依附视为爱。每当我提出这种观点，总会遇到各式各样的焦虑与反抗。但当我成功地在讨论时详细地解释我的意思之后，这种反抗就会快速消逝，很多人甚至会得到令自己也讶异的启发。我曾遇过一个人说："没错，为什么我会觉得如果告诉父母我对他们真正的感觉会害死他们呢？我有权利去感觉我所感觉到的。这无关乎报复，而是诚实地面对彼此。为什么在学校的宗教教导里，诚实被高举为抽象的概念，但在和父母的关系里，诚实却完全被禁止呢？"

是啊，如果我们能诚实地和父母说话，那该有多好啊！至于他们会因此有何感想，这不是我们能控制的。但对我们自己、我们的孩子，以及尤其是那带领我们通往自身真相的身体而言，这或许是个转机。

身体的本能一再地让我感到讶异。身体以一种令人惊讶的毅力与智慧对抗着谎言。道德与宗教上的要求无法欺骗它、混淆它。小孩子被强迫灌输道德，他们是因为爱着自己的父母才会接受道德的喂养，但却在求学时期就罹患上无数的疾病。当他们长大成年后，利用自己出众的才智对抗传统道德，或许在这个过程中他们会成为哲学家或作家，但他们对自己家人的真正感觉，早在求学时期就被疾病遮掩了，持续阻碍着他们的身体发育。席勒与尼采的状况即为实例。最终，他们成为了父母的牺牲品，把自己奉献给父母对道德与信仰的想法，即便他们成年后彻底看清了"社会的谎言"亦然。对他们来说，要看到自己透过自我欺骗，认清是他让自己成为了道德的牺牲品，比起撰写哲学论文或构思大胆的剧作还要困难。但只有透过发生在个人内在的过程，而不是透过和身体分离的思想，才能在我们心灵里产生创造性的变化。

幼时能幸运地感觉到爱与理解的人们，将不会有真相的问题。他们可以充分发展自己的能力，而他们的下一代则能因而受惠。我并不知道这些人所占的比例有多高，我只知道体罚依旧是被默认的亲子教养方式。自认为是民主与进步典范的美国也有 22 个州依然持续允许学校体罚，他们甚至越来越强力地为家长与教育者的这种"权利"辩护。他们甚至不知道认为可以靠着身体暴力去教导孩子民主的想法有多荒谬。

没有接受过体罚这种形式教养的人，为数并不多。对于所有接受过体罚的人来说，他们很早就压抑了对残忍的反抗；他们只能在我称之为"内在不坦诚"的状态下长大。这可以在任何地方观察到。假设有人在谈话时说："我不爱我的父母，因为他们一直侮辱我。"她将立刻从四面八方得到同样的建议：如果她想长成真正的大人，她就必须改变自己的态度；如果她想保持健康，她就不能心怀恨意；她唯有原谅自己的父母，才能脱离仇恨；没有完美的父母——所有父母偶尔都会犯错，我们必须容忍他们，而这是当我们真正长大成人时就能够学会的。

这些建议之所以听起来那么有说服力，只是因为我们从很久以前就被灌输着，而且也深信不疑。但事实并非如此，许多这类建议所依据的都是错误的先决条件。例如，宽恕可以让我们摆脱仇恨，这并不是事实，宽恕只会帮忙遮住仇恨，并且在无意识里强化了仇恨。我们的宽容心并不会随着年龄的增长而增长。正好相反，孩子会容忍父母的荒唐行径，是因为孩子认为这是正常的，而且他们无法保护自己去对抗那些暴行。直到长大成人后，我们才会真的为不自由与束缚所苦，但这种痛苦却是他在与其他人的关系里感觉到的，例如与自己小孩的关系，或是与伴侣的关系。童年对父母的无意识恐惧，制止我们去看清真相。并不是仇恨让人生病，让人生病的是压抑的、解离的情绪，而不是有意识地体验到的、表达出来的感觉。身为成年人，我们只有在走不出某种情况时才会感觉到仇恨，也就是无法自由地表达自身感觉的情况中。就是这种依赖，让人开始去恨。一旦解开了依赖（身为成年人，多半可以办得到），一旦摆脱奴性的关系，我们就不会再感觉到仇恨。然而，一旦恨意出现了，若像所有宗教规定的那样去"禁止"恨意，是没有用的。我们必须了解恨意，以便对这种行为做出选择，也就是让人们摆脱会滋养仇恨的依赖。

　　对那些从小就与自身真正感觉分离的人们来说，他们当然会依赖教会这类机构，并任其决定自己能有哪些感觉。在大多数例子里，能感觉到的显然少之又少。可是我无法想象这种状况竟会一直持续下去。在某时某地，将会出现反抗，当个人找到勇气去克服他们可以理解的恐惧，去诉说、感觉并公开自己的真相，而且以此为基础和他人交流时，这种状况就会停下来了。

一旦我们知道孩子为了求生，可以激发多少能量去对付暴行与极度的虐待，事情就突然变的比较乐观了。然后人们就能轻易地想象，如果这些孩子（像兰波、席勒、陀思妥耶夫斯基、尼采等）能将他们那几乎永无止境的能量，用在其他更有创造性的事情上，而不是为了生存而奋斗的话，我们的世界可能会变得更美好。

三·身体是真相的守护者

28岁的伊丽莎白表示，她的父母曾带给她极大的痛苦，而她最终成功地摆脱了这种痛苦。她写道：

我母亲在我小时候严重地虐待我。只要有什么不合她意的，她就会挥拳打我的头、推我去撞墙、拉我的头发。我没有机会阻止她，因为我从来就无法理解她脾气爆发的真正原因，好让我下次能躲开。因此我用尽最大的精力，在母亲脾气来袭的最初阶段，就察觉到她最细微的情绪起伏，希望顺她的意避免她又发飙。我偶尔能成功地避开，但大多数时候我都无法办到。

几年前我得了忧郁症。我找了一位心理治疗师，告诉她许多我童年的事。刚开始的时候一切都很顺利，她看起来很认真地倾听，而我则大大地减轻了负担。有时候，她会讲些我不喜欢听的话，但我都能像往常那样不去理会我的感觉，并且去适应心理治疗师的态度。她似乎受到东方哲学的强烈影响。起先，我认为只要她能倾听我的心声，这应该不会妨碍到我。但没过多久，这位心理治疗师就企图说服我，如果我不想一辈子都背负着仇恨的话，我就必须与母亲和解。我因为非常生气而终止了心理治疗。我告诉过这位心理治疗师，我对我母亲的感觉，我知道的比她知道的还多。

我只需聆听自己的身体即可，因为我每次和母亲碰面后，一旦压抑下自己的感觉，都会引发严重的症状。我的身体显然是无法被收买的，我觉得它对我的真相非常清楚，比我自己的自我意识还要清楚，它知道所有我在母亲身边经历过的事，它不允许我为了传统规范而拖鞋。一旦我认真看待并听从身体传达的讯息，我就不再会犯偏头痛或坐骨神经痛，也不会再觉得孤立无援了。我找到一些可以听我诉说童年的人，他们了解我，因为他们也背负着相似的记忆，而我则不会再去寻求心理治疗师的协助。如果我可以找到一个能让我畅所欲言的人，此人不强迫灌输我道德训诫，这将帮助我整理我痛苦的记忆，那该有多好啊！不过我已经透过几个朋友的帮助走在这么做的路上了。我比过去更接近自己的感觉，我可以在两个谈话团体里表达我的感觉，并且尝试会让我觉得舒服的新得沟通方式。自从我这么做之后，我的身体几乎没有病痛，也不再有忧郁症的问题了。

伊丽莎白的信里看来充满了信心，所以一年后收到她的另一封信，我并不觉得讶异，信中她告诉我：

我没有再去寻求新的心理治疗，而且我觉得很好。这一年来，我没见过我母亲，也没有这么做的必要。她在我小时候所做的残忍行为，那些记忆是那么的鲜明，致使我不再幻想、也不再期望可以从她那里获得我小时候可能非常需要的东西。即便我偶尔会惦念这些，但我知道完全不需要去寻找它们。我并没有像我的心理治疗师所说的那样心怀恨意。我不觉得自己恨母亲，因为我在情绪上不再依赖她了。

之前那位心理治疗师不理解这点。她想让我摆脱我的恨意，她不知道她自己其实在无意间将我推入了仇恨之中，这种仇恨正表达了我过去的依赖，而这种依赖又会再次创造仇恨。如果我听从了那位心理治疗师的建议，恨意将会再度浮现。如今，我不再需要承受伪装之苦，这是为什么我心中没有恨了。如果我没有适时地离开那位心理治疗师，我和她可能就必须继续面对那个依赖的孩子心中一再出现的恨意。

我很高兴伊丽莎白能找到解决办法。但那些并不具备这种洞察力与力量的人该怎么办？他们真的需要心理治疗师在他们寻找自我的路途上给予支持，而不是一味地对他们提出道德方面的要求。心理治疗师透过阅读成功与失败的心理治疗案例，或许可以增加他们的觉察，让自己能摆脱黑色教育的毒药，而不会在他们进行治疗时不加思索地予以散布。

人们是否应该完全切断与父母的接触，这点并非关键。从孩童变为成人到最终与父母分离的过程，应该发生在人的内心。有时候为了用正确的方式对待自己的需求，切断所有与父母的接触也许是唯一可行的方法。但如果与父母的接触仍对我们是有意义的，那么在接触之前，必须先在心中明白什么是自己能承受的，以及什么是不能承受的，我们不只要知道自己身上发生过什么事，而且也能去评价该事件对我们有什么影响、会造成哪些后果。每个人的人生故事都是不同的，关系的外在形式也会有无止境的变化。但这里有三个共同因素：

1. 只有当受虐的幸存者为了改变而做出决定，决定尊重自己并且释放童年的期望时，过去的伤口才可能愈合。

2. 父母不会因为孩子给予他们理解和宽恕，而自动有所改变。只有当父母本身有真正的意愿时，他们才可能改变自己。

3. 只要一直否认伤害带来的痛楚，就会有人为此付出精神和健康的代价——无论是受害者本人或是他／她的孩子。

曾受虐的孩子永远不能长大，他一辈子都试着去看施暴者"好的一面"，将自己的希望寄托于施暴者。例如，伊丽莎白长久以来的心态是："有时候我母亲会念故事给我听，那真的很棒。有时候她会对我说心里的话，告诉我她的烦恼。我就会觉得自己是被选中之人。她在这种时候从来不会打我，因此我也不觉得自己有危险。"这种说法使我想起了伊姆雷·卡尔泰斯[42]形容他进入奥斯威辛集中营的状况。为了防止恐惧并且生存下去，他在任何事情上都找到正向的一面。但奥斯威辛毕竟仍是奥斯威辛。这套辱人至极的体系对他的内在自我造成了哪些影响？他直到几十年后才能去衡量与感觉。

我并不是想借着卡尔泰斯以及他的集中营经历来暗示，如果我们的父母看清了自己的错误并对此感到歉疚的话，我们不应该原谅他们。父母只有在勇于感觉并能理解他们施加在孩子身上的苦痛时，他们才会看清错误。不过这种状况却极少发生。较常看到的是依赖关系的延续，而且还常常是反向的。年迈又虚弱的父母会向他们长大成人的孩子寻求依靠，并利用"谴责"这项有效的工具来获取同情。可能就是这种同情，从一开始就阻碍了孩子朝向成年的发展。他们害怕成为"不是父母所期待的样子"，同时害怕自己真正的生命需求。

对一个不被人期待的孩子来说，其身体里压抑的知觉依然精确无比："他们想杀掉我，我有生命危险。"如果这个知觉变成有意识的，可能就会在成人的心灵中消融了。从前的情绪（恐惧、焦虑、压力等）将转变成记忆，诉说着："我当时有危险，但如今已经不再有危险了。"通常，这种有意识的记忆，会在我们经验到过往的情绪或悲伤感受时一同出现，或在它们到来之前出现。

一旦我们学会和感觉一起生活，而不是一直去对抗感觉，我们在自己身体的病症中看到的就不是威胁，而是对我们自身故事有所帮助的迹象。

四·我可以说出来吗？

　　我仍清楚地记得当我在撰写《你不该知道》一书时，伴随着我的那种恐惧。当时我正着手研究一项事实，罗马天主教会竟然可以将伽利略的发现封锁了三百年之久，当伽利略被迫隐瞒真相时，他的身体以眼盲作为响应。我感到很无力，我确信自己偶然发现了一种潜规则，父母为了报复的需求而去利用孩子，而且社会将这个现实列为禁忌，他们认为我们不该有所觉察。

　　如果我决定打破这个禁忌，我会不会遭到最严厉的惩罚呢？但我的恐惧也帮助我了解到很多事，弗洛伊德因此背叛了他的洞察力，他不去挑战社会的砥柱，为了避免被攻击与驱逐。我现在应该跟随弗洛伊德的足迹，收回我对儿童虐待的好发性及其后果的理解吗？我能看到那些完全追随弗洛伊德的人依旧看不到的点：弗洛伊德的自我欺骗？我记得每当我想和自己协商、尝试妥协，或自问我是不是只要发表部分的真相时，我的身体就必定会出现不同程度的病症。我会有消化不良或者睡眠障碍的问题，并陷入抑郁的情绪之中，当我知道自己不可能再妥协下去时，这些症状就消失无踪了。

我的书出版后，随之而来真的是全然的排拒。当时对我来说还是"像家一样"一样舒适自在的学术界也完全地反对我和我那书。反对声浪如今依旧存在，但并不影响那本书已经找到了自己的位置。无论是对外行人或专业人士来说，书中那些当年"被视为禁忌"的见解，如今已是众所皆知的事情。我对弗洛伊德的批评已获得了许多人的赞同，虐待儿童所产生的严重后果，也越来越受到大部分专业人士至少在理论方面的重视。我没有被完全猎杀，我的声音也没有消失。那次的经验使我相信，现在《身体不说谎》这本书也会有被人理解的一天。即使一开始的时候，它或许会令一些人感到震惊，因为大多数人期盼自己父母的爱，并且不愿这种期盼被剥夺。不过一旦他们希望去了解自己，那么就能理解这本书了。首先，只要他们察觉，自己并非单独面对自己的所知，而且早已不再有童年的危险时，震惊的反应便会减弱了。

　　如今已 40 岁的尤迪丝，小时候遭到父亲以最残忍的方式虐待，母亲从未出手保护她。在她脱离了父母之后，她在心理治疗时成功地摆脱了压抑，并治愈了她的病症。但她对惩罚的恐惧却仍维持了很长一段时间，她在心理治疗之初和这种对惩罚的恐惧是疏离的，而多亏了心理治疗她才学会去感觉这种恐惧。特别是因为她的心理治疗师认为如果彻底切断了与父母的联系，人不可能变得完全健康。因此，尤迪丝试着和母亲对话。但每次都遭到全盘抗拒与谴责。她的母亲告诉她："有些事情是绝对不能对父母说的。"母亲责备她抵触了"敬爱你的父母"这条戒律，这是对上帝的冒犯。

　　母亲的反应让尤迪丝察觉了她的心理治疗师的极限，这位心理治疗师同样被困在一套模式里，似乎这套模式让她确信自己很明白什么事是人们必须做、应该做、可以做或不可以做的。尤迪丝又和另一位心理治疗师一起努力了一段时间，通过这位心理治疗师的帮助，尤迪丝发现自从她不再强迫自己去接受这样的关系后，她的身体有多么感谢她。小时候的她别无选择，必须生活在这样的母亲身边，母亲对她所承受的痛苦袖手旁观，并用刻板的观念去对待这孩子的所有想法。当尤迪丝说出她自己全然和真正的事情时，她只会遭到母亲完全的排拒。这种排拒对孩子来说就像痛失母亲，以及生命有了危险那样。对这种危险的恐惧并没有在她第一次接受心理治疗时解除，因为她的心理治疗师的道德要求不断给这种恐惧新的滋养。

这与一种非常细微的影响有关，我们通常很少会注意这种影响。这是因为它与我们生活成长的传统价值观或多或少是相符的。我们必须遵守第四诫，所有父母都有被尊敬的权利，即便他们以破坏性的方式对待小孩。这种观念在过去被视为理所当然，而如今多半依旧如此。但人们将决定是否脱离这种价值观，当他们听到一个成年女性必须去敬爱曾经残忍虐待她的父亲、或看到她被虐待的母亲时，人们便会看到第四诫的荒谬可笑之处了。

然而，有人却认为这荒谬之事很正常。就连一般受人尊敬的心理治疗师与作者们，他们都还不能与"原谅父母是成功的心理治疗的最高荣誉"这种想法分道扬镳。即便这种信念已不似几年前那样有效果了，但与之连接在一起的期望却极多，且包含着这样的讯息：如果你不遵守第四诫就会倒大霉！虽然这些作者常说不要操之过急，不应该在心理治疗一开始时就讲宽恕，而应该要先将强烈的情绪释放出来，但他们坚信病患总有成熟到能去宽恕的那一天。这些专家把这点视为理所当然，认为心理治疗让人最终能全心全意地原谅父母。但我却认为这种想法是一种误导。成功的治疗目标是释放痛苦的依赖而不是和解，这种和解通常是基于道德的需求，而非身体的需求。我们的身体不只是由心组成，而且我们的大脑也不是一个让人将宗教课堂上那些荒谬与矛盾灌输进去的容器。身体是一个对于其所遭遇之事拥有完整记忆的有机体。一个能真正以此洞见而活的人会这么说："上帝无法要求我去相信在我眼中看来矛盾并且伤及我人生的事物。"

如果这是必要的，我们可以期待心理治疗师去对抗我们父母的价值体系，陪同我们通往我们的真相吗？如果我们正在接受心理治疗，尤其是在我们已能认真看待自己身体所传达的讯息时，我相信我们能这么做，甚至必须这么做。一位名叫达格玛的年轻女子在给我的信中写道：

　　我的母亲有心脏病。我希望可以对她好，在床边和她说说话。我试着尽可能地常去看她。但每次我都头痛到无法忍受。我会在夜里汗流浃背地惊醒，接着就会陷入想自杀的抑郁情绪之中。我在梦里看见小时候的自己被当时的她拖过地板，我哭喊着、哭喊着、哭喊着。我该如何将这一切拼凑在一起呢？我还是必须去看她啊！因为她是我的母亲。但我不想害死自己，也不想生病。我需要有人帮助我，告诉我如何能找到心灵的平静。我不想欺骗自己，也不想欺骗我的母亲，在我对她的谎言里，我在她身边扮演着好女儿的角色。我并不想当个无情的人，让她在生病的时候孤独一人。

　　达格玛在几年前接受了心理治疗，当时她宽恕了她母亲的残忍行为。但由于母亲罹患了重病，再度激起她在童年的旧有情绪，她不知所措地面对着这些情绪。她宁愿结束自己的性命，也不愿违背母亲、社会以及她的心理治疗师的期待。她愿意以亲爱的女儿的身份去探访母亲，但却无法在不欺骗自己的状况下这么做。她的身体清楚地告诉了她。

我并不是透过这个例子，主张我们不要以爱陪伴父母到临终。每个人都应该自己决定，怎么做对他来说才是正确的。但如果我们的身体如此清晰地记着我们曾承受的相关虐待故事，那么我们就没有其他选择。我们必须认真聆听身体要告诉我们的话。有时候，陌生人反而更适合做临终陪伴，因为陌生人不曾因为这些病人受过苦。他们不需要强迫自己去说谎，他们不需要用忧郁症来付出代价，他们可以展现出他们的同情心而无须伪装。相反地，儿子或女儿却会徒劳地努力制造仁慈和同情的感觉，这些感觉或许会顽强地缺席到底。它们之所以缺席，是因为那已经长大成人的孩子依旧将自己的期望紧紧系在父母身上，希望至少在最后一刻，可以获得临终父母的接受和肯定，那是他们一辈子都未曾当面感觉过的。达格玛写道：

　　每当我和母亲说话时，我就会觉得犹如有毒药渗入我的身体。我试着不去看这些，因为看到这些会让我有罪恶感。然后伤口就会开始化脓，而我则变得忧郁。我试着再度接纳我的感觉，并心想我有权去感觉它们、有权去看自己有多愤怒。当我这么做，当我容许了自己的感觉之后，即便这些感觉很少是正面的，但我却再度能够呼吸了。我开始允许自己停留在真实的感觉之上。如果我成功办到，就会觉得好多了，更有活力，而忧郁自然就消失了。

即便如此，我还是无法放弃尝试去理解我的母亲、接受她的样子、原谅她的所作所为。我每次都会以忧郁付出代价。我不知道这种了解是否足以治愈伤口，但我很认真地看待我的体悟。与我的第一位心理治疗师不同的是，她希望我一定要改善与母亲之间的关系。她无法接受我和母亲的关系，我也一样。但我如何能在不认真看待我真实的感觉时，同时尊重自己呢？如此一来，我将完全不知道自己是谁、以及我重视的是谁了。

我们为了让年迈的双亲减轻人生重负，或许最终还能获得他们的爱，而去改变自己的样子，这是可以理解的。但它与身体所支持的真正需求，也就是忠于自我的需求，完全背道而驰。我认为一旦能满足这种需求，自尊便会自行发展。

五·不愿面对的真相

　　直到不久之前，连续杀人犯的问题都只有精神病学的专家在从事相关研究。这些权威之作很少触及犯罪者的童年，而且将罪犯视为带着病态的本能诞生于世。不过这个领域在这几十年来似乎出现了变化，同时也有更多的理解。2003年6月8日法国的《世界报》刊登了一篇文章，令人诧异地详细记载了罪犯帕特里斯·阿莱格里的童年。他在1990年至1997年之间，谋杀了五名妇女又强暴了一人，而根据极少的细节就能清楚看出，为什么这个男子会犯下这些让他余生要在监牢里度过的罪行。要了解他如何变成冷血杀人犯，我们需要的既非复杂的心理学理论，也不是假设他天生邪恶。我们只要观察一下这个孩子成长的家庭氛围即可。然而一般人很少能去做这种观察，因为犯罪者的父母多半不会被判定为共犯。

　　不过《世界报》那篇文章采取了不一样的观点。短短几段，便刻画了一个毋庸置疑会导致成人后犯罪的童年。帕特里斯·阿莱格里是长子，他的父母结婚时相当年轻，他们其实根本不想生小孩。阿莱格里的父亲是名警察，阿莱格里在审判过程中说过，这个男人回家只是为了要打他、骂他。阿莱格里很恨他的父亲，他会逃到母亲身边，据他说母亲很爱他，而他则由衷地愿意为母亲效劳。他的母亲是个妓女，除了专家推测她曾利用孩子的身体乱伦以外，她在接客时也常利用阿莱格里充当把风的角色。阿莱格里必须站在门外，并且在每当有危险发生（可能是盛怒的父亲回来）的时候通知她。阿莱格里说，他虽然不用一直观看着隔壁房间里发生的事，但他无法关上他的耳朵，他非常痛苦地被迫听到母亲不断的呜咽与呻吟声。当他年纪还很小的时候，就看过的这幅景象必定让他非常惊慌和恐惧。

　　或许很多孩子能在这样混乱的命运中成功地存活下来，而且后来没有犯罪，毕竟孩子拥有无数待开发的潜能。有这种童年遭遇的小孩，或许将来也会声名远播，就像是最后因酗酒而亡的爱伦·坡[43]，或者像居伊·德·莫泊桑[44]一样。据说他将自己混乱的童年"改编"成三百则故事。但莫泊桑却无法阻止自己步上弟弟的后尘（他弟弟比他还早就罹患上精神病），在 42 岁时病逝于精神病院。

帕特里斯·阿莱格里没能找到任何一个人拯救可以他离开地狱、让他看清父母的罪行。因此，他渐渐相信他所处的环境就等同于这个世界。他做的所有事情都是为了要在这个世界里获得承认，以及透过偷窃、毒品与暴力行为来逃离父母的掌控。他在法庭上说的话也许是完全真实的，也就是他在强暴的当下丝毫没感觉到性的欲望，而是对于无限权力的需求。我们只能希望这番供词将传递给司法机构一些讯息，让他们知道该怎么做。因为在大约 30 年前，德国法院判定让杀童犯约根·巴曲[45]去势，他也是受到自己母亲在心理上极严重的残害，而法院居然希望借由去势的刑罚能有效地阻止他去发泄对孩童过于强烈的性欲。这是多么荒诞、不人道又愚昧的行为啊！

法院最终应该要了解，当杀人犯连续杀害妇女与孩童时，对于曾经感到无力且不受人重视的孩子来说，这就是在满足他们对无限权力的需求。这种暴行很少关乎性本身，除非无能的感觉曾和乱伦的经历有所连结。

即便如此还是存在着一个问题：对帕特里斯·阿莱格里来说，除了杀人，除了在女人呜咽和呻吟时将之勒毙以外，难道没有其他出路了吗？旁观者很快就能看出，他必须一再地将不同女人身上的母亲形象勒毙，这个母亲使他承受着童年的痛苦。他却几乎无法认清这点，因此才需要牺牲者。直到今日，他依旧声称爱着母亲。因为没有人帮助他，没有站在他这边的知情见证者，帮助他承认自己有希望母亲死亡的愿望，并能让他去意识以及理解这个心愿。正是这个希望母亲死亡的愿望在他心中不断地扩散开来，迫使他杀害其他女性以代替母亲。"就这么简单吗？"许多精神科医生或许会这么问。我的答案就是这样——我认为这比强迫我们学会敬爱自己的父母，以及不去感觉他们应得的恨还要简单得多。不过如果阿莱格里能有意识地感觉到心中的恨意，或许就不会有人因他的恨意被杀了。他的恨意产生自他对母亲无条件的依附，正是这种依附驱使他去杀人。他始终活在父亲的致命威胁中，他只能期待母亲的拯救。一个不断受到父亲莫名威胁的孩子要如何去主动恨自己的母亲呢——或者如何承认其实母亲无法救他这个事实呢？这样的孩子会创造出一个幻象，并且攀附着这个幻象。然而为这个幻象付出代价的却是他日后的牺牲者。感觉不会杀人，如果阿莱格里有意识地感觉到对母亲的失望，他不会杀害任何人，就算有勒毙母亲的想法他也不会杀害任何人。是对这类需求的压抑，无意识地将他对母亲的负面感觉完全分离，才会驱使阿莱格里犯下残酷的罪行。

六·毒品与身体的欺骗

小时候，当我对施加在我身上的伤害产生了自然反应，像是生气、愤怒、痛楚与恐惧等。若我不控制与抑制这些反应，我可能会被处罚。后来，在求学阶段，我甚至自豪于对这些感觉的控制与抑制本领。我认为这些能力是一种优势，同时也期待我的第一个孩子能得到同样的训练。直到我成功地摆脱这种态度之后，我才能够了解孩子被禁止以适当的方式响应伤害是多么痛苦。让孩子在一个充满善意的环境里尝试与自己的情绪相处，将让他们在往后的人生里找到进入自己真实感觉的方向，而不是一直害怕这些感觉。

不幸的是，很多人都和我有类似的遭遇。他们在小时候不能表达出自己的强烈感觉，也不能真的去经验这些感觉，但日后则渴望着这些经验。有些人透过心理治疗成功地找到并感觉到他们压抑的情绪。之后这些情绪转变成了有意识的感觉，人们可以借由自己的故事来理解这些感觉，而且不需要再畏惧它们。但有些人却拒绝走上这条路，他们由于自己的悲惨经验而无法或不愿意再相信任何人。在现今的消费社会里，这些人无法直接地展现他们的感觉，只有在某些例外状况，也就是使用了酒精与毒品之后。否则，他们宁可去嘲讽（别人的与自己的）感觉。拥有讽刺的本领在娱乐与媒体产业通常能获得很高的报酬，因此人们甚至可以借着有效地压抑感觉来赚取大笔的金钱。即便到最后会碰到危机，完全失去与自己的连结，只剩下面具的功能，也就是一个"假想人格"[46]在运作；但是人们还是可以借助毒品、酒精、药物，或其他可供替代的物质的力量。嘲讽的收益很高，酒精可以维持好心情，而更强效的药物能达到更大的效果。但这种情绪并不是真实的，它们无法连结身体的真正故事，效果只是暂时的。为了将童年遗留下的空洞填满，所需的剂量将越来越大。

2003 年 7 月 7 日德国的《明镜周刊》刊载了一位年轻

男性的文章，他是一名成功的记者，也为《明镜周刊》工作，文章里阐述了他对毒品的长年依赖。他在文中的坦率与诚实令我相当动容。

对这年轻男子而言，平衡就是靠药物维持着的。人生最后仅存的是工作。而工作是种自我掌控。那么他真正的人生在哪呢？他的感觉在哪呢？或许毒品、恐惧与痛楚都能达到有效的压抑，让当事者不必去面对真实的感觉——只要毒品还起得了作用的话。但一旦毒品的效果过去了，那些还没伸展开来的情绪则会更激烈地反击。被排除的情绪再度获得了入口并纠缠着身体。

这位年轻人非常清晰地表达出当他无法依靠毒品时，真正的需求与感觉会以何种力量浮现。匮乏、孤寂、愤怒的真正感觉，却导致了恐慌，因此必须再度靠着毒品去对抗这些感觉。同时，毒品操控了身体，让它"制造"符合期待的"正面感觉"。当然，同样的机制也会在使用合法药物时出现效果，例如精神科用药或是酒精等。

强迫性的物质成瘾会引发灾难性的后果，因为这些物质阻断了通往真实情绪与感觉的道路。毒品虽然可以造成兴奋感，激起那曾经由于残酷的教养而丧失的创造力，但身体无法一辈子容忍这种自我疏离。我们在卡夫卡以及其他人身上看到了，从事创造性的活动，例如写作或绘画等，是可以暂时帮助他们活下去的，但只要他还依旧逃避自己真正的故事，这些活动依然无法打开那道由于早年受虐而封闭的入口，并且无法通往人类真正生命的本源。

兰波是一个令人痛心的例子。毒品无法取代那些他真正需要的情绪滋养，而他身体的真正感觉不会受到欺骗。如果他能遇到一个人，帮助他完全看清母亲的破坏效果，而不是让他为此一再地惩罚自己，那么他的人生就会不一样了。正因如此，他每次的逃离都会以失败告终，最终被迫回到母亲身边。

保尔·魏尔伦也像兰波一样英年早逝，享年 51 岁[47]。他的贫困潦倒，表面上是因为他的毒瘾与酗酒的习惯花光了所有的积蓄，但内在的原因则是像许多人一样——缺少了觉察、顺从于通用的戒律、沉默地忍受着母亲的掌控与操纵（常常是透过金钱援助）。虽然魏尔伦在年轻时，期盼可以透过自我掌握和滥用药物从母亲的控制里解放出来，但最后他还是靠着女人给钱过活，甚至有许多是她们卖淫赚来的。

药物并不能时刻都起作用，将人们从依赖与束缚中解放出来。使用合法的药物（例如酒精、尼古丁、精神科用药）常常是为了尝试填满那个父母遗留下来的感情空洞。孩子没能从父母那里获得他所需的滋养，而且事后也无法再找到这些滋养。在没有使用药物的情况下，这个空洞就像是生理上的饥饿感，就像是自发性的胃部痉挛。或许成瘾的基石早在生命之初已然奠定了，暴食症以及其他饮食失调症状也是如此。身体清楚地显示出，它身为一个小小孩时就迫切需要的东西。但只要情绪依旧遭到忽视，这些讯息就会被误解。因此，孩提时的困境被错误地当成现在的困境，而所有与现在的困境博斗的尝试，都必定会失败。长大成年后，我们的需求已经不同于当时了，我们能满足现在这些需求，只要它们不再无意识地与旧时的需求混淆。

七·觉察的权利

有位女性写信告诉我，她在多年的心理治疗中很努力地想要原谅父母在她童年时曾对她身体做的一些严重的攻击。原来她母亲患有精神疾病。这个女儿越是强迫自己去宽恕，就越深陷在她的忧郁之中。她觉得自己犹如被关在监牢里，只有绘画能帮助她，阻挡她的自杀念头，让她继续活下去。在一次画展后，她售出了自己的一些画作，有几位代理商非常看好她。她兴高采烈地把这个好消息告诉母亲，母亲同样很高兴，并说道："现在你会赚很多钱，然后就可以照顾我了。"

当读到这封信时，我想起了一位名叫克拉拉的朋友。她曾不经意地对我说道，当她快到退休的年纪时，她视退休"犹如第二人生"，但她那丧偶、但是极其健康且善于经商的父亲对她说："现在你终于有足够的时间来帮忙我的生意了。"克拉拉一辈子都关心其他人多过关心自己，因此，她完全没发觉这段话就像在她身上加诸了新的重负。她全程微笑地说着，几乎是很开朗愉快的。其他的家人也认为她可以接替刚过世的老秘书的职位，现在正是时候，因为她没事了啊。（可怜的克拉拉除了为父亲牺牲自己以外，究竟还能怎么运用她的闲暇时间呢？）然而才过了几周，我就听说克拉拉得了胰脏癌的消息。不久后她就过世了。她患病期间一直承受着剧烈的痛楚，我试着让她记起她父亲说过的那句话，但并没办到。她很遗憾自己由于这场病而无法帮忙父亲，因为她非常爱他。她说她不知道为什么自己会在这个时候遭受到这种疾病的打击。她过去几乎从没生过大病，大家都很羡慕她有健康的身体。克拉拉是个非常传统的人，她显然不太知道自己的真实感觉，因此身体必须发出警讯。但可惜的是，家人没有帮助她解开身体语言的含义。甚至连她那些已成年的孩子也完全没有这么做，事实上他们也办不到。

那位画家和克拉拉不一样，当她听到母亲对她画作卖得很好的反应时，她明显感觉到对母亲的愤怒。从那一刻开始，这位女儿丧失了作画的喜悦，低迷了几个月，再度陷入忧郁之中。她决定不再去拜访母亲或与母亲持相同态度的朋友。她不再对熟人隐瞒母亲的情况，开始表达自己真实的想法。这时，她又再度找回了活力以及对绘画的兴趣。使她恢复活力的，是承认所有关于母亲的真相，以及逐步地放下对母亲的依附。这种依附是出于同情、期望自己能使母亲快乐，期望母亲有朝一日能够爱自己。她接受了自己无法全心全意去爱母亲的现实，而且她现在也清楚知道原因了。

我们很少听到像这类有正面结局的故事。但我认为这样的故事会渐渐增加，只要我们成功地看清那曾经在童年深深伤害我们的父母，我们并不亏欠他们任何感谢，更遑论我们是受害者的身份了。我们为什么要去为了那根本不存在的理想父母的幻象而牺牲自己呢？我们为什么要紧抓住这段会让我们想起过往苦痛的关系呢？因为我们希望只要我们找到合适的话语、做了正确的行为、用适当的方式去理解，有朝一日这种情况将会有所改变。但这却意味着，我们会为了获得爱而像童年那样再度扭曲自己。如今，身为成人的我们，知道我们的努力遭到了剥削，也知道这并不是爱。所以我们为什么要一直期待在童年时不爱我们的父母，无论他们是出于什么原因做不到，在我们长大后却会爱我们呢？

如果我们成功地放弃这种希望，无望地期待自然也会消失，连同那陪伴了我们一辈子的自我欺骗。我们不再相信以前的自己是不值得被爱的；我们不再相信必须证明我们是值得被爱的。问题的症结不在我们身上，是基于我们父母的情况。他们将自己经验过的童年创伤变成了（或没有变成）什么，这是我们无法决定的。我们只能过我们的人生，并改变自己的态度。大部分心理治疗师认为，改变态度就能改善与父母的关系，因为成年孩子的成熟态度可能会引起父母给予他们更多的尊重。我不能确信这种看法。更确切的说，我的经验是成年孩子的正向改变很少会引起曾经施虐的父母表现出正面的感觉与赞赏；相反地，他们的反应常常是嫉妒、戒断症状，以及希望儿女重新恢复到以前的样子：卑躬屈膝、无条件的忠诚、能够容忍虐待，其实就是忧郁而不快乐的。成年孩子已觉醒的意识会让很多父母感到害怕，更别提改善关系了，不过也有相反的例子：

有个年轻女人长期以来一直为自己的恨意感到痛苦，最后她终于鼓起勇气告诉母亲："我小时候不想要有你这个妈妈。我恨你，而且我完全不能觉察恨你的事实。"她很惊讶地发现不只是她自己，就连她那自觉歉疚的母亲也对她的这番话表现出如释重负的态度。因为她们两人在内心深处都知道自己的感觉。现在才终于将真相说出口，由此便能建立起一段真诚的全新关系。

强求的爱不是爱。它最多只会导致一段没有真正交流的"假象"关系，导致一种假装出来、并非实际存在的真诚，它就像戴着面具遮住了恼怒甚至是怨恨，它永远不会变成真心相待。三岛由纪夫有部作品叫做《假面的告白》，一张面具如何能真正诉说出隐于其后之人的感觉呢？面具是办不到的，它在三岛笔下能够说出的，完全是理智之言。三岛只能展现出事实的后果，至于事实本身以及随之产生的情绪依旧到不了他的意识心智。结果就以病态而反常的幻象显现出来，在某种程度上可以说是"抽象的死亡愿望"。因为这个长年被关在祖母房里的小孩，长大后依旧碰触不到真正的感觉。

这种建立在面具般的沟通上的关系，是无法改变的。它将维持着它一直以来的样貌：错误沟通。只有当沟通双方都能接纳他们的感觉，去经验这些感觉，并且毫无畏惧地说出来以后，才有可能建立起真正的关系。这将是令人开心的良好关系，但却很少发生，因为双方都害怕失去彼此已经习惯的表象与面具，纵使它们会阻碍到真正的交流。

为什么有人偏偏要在年迈的双亲身上寻求这种交流呢？严格来说，他们已经不算是我们的人生旅伴了。和他们相关的故事已然流逝，现在我们真正要沟通的对象是自己的孩子和自己所选的伴侣。许多人希冀的平静是无法由外部给予的。很多心理治疗师认为人们可以借由宽恕来找到平静，但这观点却一再被事实推翻。我们都知道，神职人员每天都会向天父祷告，祈求上帝宽恕自己所犯的错，以及人类的罪。但这却无法阻止其中一些人，在掩盖犯罪事实的同时，让自己一再因重复的强迫驱力而侵害儿童去与青少年。在这种情况下，他们也会去保护自己的父母，而没有意识到父母曾对他们做了哪些坏事。因此，无条件地劝诫人们要宽恕不只是假仁假义而已，更是无用的、甚至是危险的。这么做有时会掩盖了重复的强迫驱力。

能够保护我们不会受到重复驱力侵害的，只有承认真相——承认全部的真相以及它的所有含义。只有当我们尽可能地了解父母对我们做过什么，我们才不会有重复那些恶行的危险；否则，我们会自动地重复父母的行为，并且极力反抗一种想法：当我们长大成人且想要平静地建立属于自己的人生时，我们就能够（且必须）解开童年与施虐父母的连结。童年的迷惘是因为于我们从前努力要去理解虐待，并由虐待中推论出意义。但我们必须放下这种迷惘。身为成年人，我们可以停止迷惘，也可以学会了解在心理治疗时，道德准则会如何妨碍伤口的复原。

有一位心灰意冷的年轻女子，她认为自己无论在工作或两性关系上都是个失败者，她在给我的信中说道：

我母亲越说我是个微不足道的人、我什么也做不成，我就越会四处碰壁。我并不想恨我的母亲，我希望与她和平相处，想原谅她，让我最后能够摆脱我的恨意，但我却办不到。在恨之中我觉得被她所伤，犹如她也恨我一样，不过这是不可能的。我究竟做错了什么呢？我知道如果我没办法原谅她，我将会很痛苦。我的心理治疗师告诉我，如果我和父母对抗，这就宛如我在对抗自己一样。我当然知道如果无法发自内心深处原谅的话，就不是真正的原谅。我觉得非常困惑，因为有些时候我可以原谅父母，并且感觉我同情他们，但一想到他们曾对我做过的事，我就会突然生气，然后完全不想看到他们。我其实想过我自己的生活，平静下来，不要一直想过去他们是怎么打我、羞辱我，以及那些几乎算是酷刑的虐待了。

这位女子相信，当她认真看待自己的记忆并且忠于自己的身体时，就是在与父母对抗，同时也等于对抗自己。这是心理治疗师告诉她的，但这种说法的后果却是，这个女人完全无法区分她自己的生活以及父母的生活，她完全没有自我意识，只能将自己理解为父母的一部分。心理治疗师怎么会说出这样的话呢？我不知道，但我认为在这样的陈述中可以感觉到这位心理治疗师对自己父母的恐惧，而个案则被这种恐惧与迷惘感染了。结果是这位女子不敢揭开自己的童年故事，让自己的身体能和真相生活在一起。

另外一位非常聪明的女人告诉我，她不想对自己的父母做出一概而论的评价，而是要把事情分开来看。因为无论她小时候被打还是被虐待，她还是与父母一起度过了一些美好时光。她的心理治疗师非常赞同她对美好与不好时光的权衡，而且身为成年人必须了解所有父母都会犯错这个道理。然而重点并不在此，重点是现在已然成年的这位女子必须发展出对内在小女孩的同理心，没有人看见那个小女孩的苦痛，她被求取自身利益的父母利用了，多亏了她洋溢的才华，她可以完美地满足父母的利益。如果她现在已经能去感觉内在小女孩的苦痛，并且去陪伴她，那么她就不应让美好的时光与不好的时光互相抵销。这么一来，她又会披上那个小女孩的角色，强迫自己去满足父母的心愿：爱他们、原谅他们、记住美好时光等。

这个孩子不断地尝试这么做，希望能理解她遭遇到的那些来自于父母的自相矛盾的讯息及行为。但这种内在的"工作"只会更强化她的困惑。这个孩子不可能理解她的母亲也

身处在一个内心的防空洞里，构筑着对抗自己感觉的防御工程，以至于没有任何理解孩子需求的感受力。而当这个孩子成年且了解这些之后，便不应该继续孩提时毫无希望的努力，不要尝试强迫自己客观地去评价，或让美好的回忆去对抗不好的回忆。她应该根据自己的感觉来行动，这些感觉永远像所有情绪一样是主观的："在我小时候是什么使我痛苦呢？什么是我以前完全不能去感觉的呢？"

问这些问题，并不是要一概而论地批判父母，而是为了要找出那个受苦、说不出话的孩子的观点，以及放下在我看来是破坏性的依附关系。诚如我之前所说的，这种依附是感激、同情、否认、渴望、粉饰，以及无数始终无法圆满而且注定无法圆满的期望组成的。对曾忍受过的残暴行径表达出宽容的态度，并不会打开通往长大成人的道路。能打开那条路的是获知自己的真相，以及滋长出对那个受虐儿的同理心。看清虐待如何阻碍了成年人的整个人生，以及摧毁了多少可能性，同时又有多少不幸在不经意间传给了下一代。要发现这些悲剧，只可能在我们停止将施虐父母好的面向与不好的面向相互抵销之后，否则我们会因此再度落入同情之

中，再度去否认那些残暴行径，因为我们相信必须对事情有
"平衡的"观点。我的意思是，这里反映出来的是童年的努
力，成人必须丢掉这种平衡过程，因为这么做会使人混乱并
且阻碍自己的人生。那些不曾在童年时被责打或从来不须忍
受性暴力的人，当然不需要去做这些努力。他们可以享受与
父母在一起时的美好感觉，也能毫无迟疑地称之为爱，他们
并不需要用任何方式去否认。这些"努力"的重担只会留在
曾受虐的人身上，即便他们并不愿意以生病的方式为自我欺
骗付出代价亦然。这种例子，我几乎天天都能看见。

　　有位女士在论坛上写道，她在网络上看到这种说法：我
们不再与父母见面，是不可能真的对自己有帮助的。如果这
么做，将会觉得父母依然跟在我们身后。而这也正是这位女
士现在的感觉。自从她不再去拜访父母以后，她日夜都会想
到他们，并且生活在不间断的恐惧之中。这非常容易理解，
她生活在恐慌之中，是因为网络上所谓的专家在她身上强化
了专家对自己父母的恐惧。这种传道式的道德说的是：一个
人对于自己的人生、感觉与需求是没有控制权利的。或许网
络上很难找到其他的说法，因为网络的言论上只会反映出我

们几千年以的心理状态：孝敬你的父母，你会因此长寿。

本书的第一部提到了几位大作家的生平，显示了事情并非总是如此，尤其是当问题中的人是非常敏感且聪慧时。长寿也不能证明第四诫中隐含的威胁是合理的，与此相反，长寿和生活的质量有关。这关乎父母与祖父母是否意识到自身的责任，并且不要求孩子们以损及他们自身的方式来尊敬长辈，长辈也不能毫无顾忌地对孩子们施以性虐待、殴打或其他折磨方式，并自称都是为了孩子们好。当父母将他们对自己童年已然崩溃的感觉发泄在自己孩子身上时，常常可以减轻自己的负担。但当孩子脱离他们之后，或是表面上的脱离，父母便会很快地生病。

孩子们有权去觉察并且有权去相信自己小时候看到以及感觉到的事情。他们不必强迫自己变得盲目。他们已经以身体或心灵上的病痛为这种强迫的盲目付出了代价，而这些病痛的原因长期以来都被遮掩了。如果他们不愿继续这种遮掩行为，他们就有机会挣脱暴力与自我欺骗的锁链，同时也不会再去要求自己的孩子成为牺牲品。

不久前有个电视节目介绍了患有神经性皮肤炎的案例，

症状就是全身瘙痒。节目请来的专家一致认为这种病是无法根治的，完全没提到这种瘙痒症状的心理因素。引人注目的是，这些患病的孩子和自己同年龄的病友们在医院里见面，却使得病况有了好转，即使并未治愈。光是这个事实便让身为观众的我推想到，在医院里和其他病友的接触让这些孩子松了一口气，让他们知道自己不是唯一得这种令人费解的病症的患者。

这个节目播出后不久，我认识了维若妮卡，她在接受心理治疗时罹患了神经性皮肤炎，她渐渐发现正是这个症状能让她解开她过去对父亲的灾难性依附。维若妮卡是家中五个姐妹中的老幺，她遭到姐妹们的排挤。她的母亲是个酒鬼，会突如其来地发怒，不断地威胁着这个孩子的生命。在这种情况之下，这个小女孩怀抱着徒然的希望，期望父亲有一天能拯救她离开处境。维若妮卡一辈子都在理想化她的父亲，虽然根本没有任何理由与相关回忆能证明这种对父亲的高度评价曾成真过。因为她的父亲也是个酒鬼，但维若妮卡否认现实，安于她不合理的希望，50 年来始终保持着她的幻想。然而在她接受心理治疗之际，当她无法让他人理解她的意思，或是期待着其他人的帮忙时，无助的感觉就会引发她严重的瘙痒症。

维若妮卡告诉我，为何她一再被残忍的瘙痒症纠缠不休，对她来说这一直是个谜，而且除了气自己必须不断搔痒以外，没有其他可针对这个症状做的事了。在她的这种皮肤疾病中隐藏的，与后来显示出来的相同，就是她对全家人的愤怒，但主要是对父亲的愤怒。父亲从未为了她而存在，而他的拯救角色则是她为了忍受在这个施虐家庭里的孤单而想象出来的。这个拯救的幻想持续了50年之久，当然使得她的愤怒越显剧烈。但借由心理治疗师的协助，她最后终于发现，每当她试着压抑某种感觉的时候，瘙痒症状就会一直出现，让她根本无暇顾及别的事情，直至她承认了那种感觉并且可以去体会它为止。多亏了她的那些感觉，她最终越来越清晰地察觉到，她不断地构筑着有关父亲的幻想，但这个幻想完全没有事实的根据。在她每一段与男人的关系中，这个幻想都活跃着，她等待亲爱的父亲来保护她免受母亲和姐妹们的伤害，并了解她的困境。对局外人来说，父亲的解救从未发生，而且也不可能发生，这是很容易看出来的。但维若妮卡自己就是完全无法面对这个与事实相符的观点，她觉得如果承认了真相，自己就会死去。

这是可以理解的。因为在维若妮卡的身体内，住着一个未受到保护的孩子，这个孩子如果失去了父亲一定会来拯救她的幻想，注定就会死掉。身为成年人的维若妮卡是可以放下这种幻想的，因为那个孩子已经不再独自面对命运了，从现在起，维若妮卡体内有成年的部分，成年的她可以保护那孩子，可以去做那些她父亲从未做到的事，理解那孩子的困境并保护她不遭人虐待。维若妮卡一再地在日常生活中体验到这些，她终于不再像从前那样否认自己身体的需求，而是非常认真地去看待这些需求。后来，她的身体仅以轻微的瘙痒来警示这些需求，每次瘙痒症发作总能让她明白，内在小孩需要她的帮助。虽然维若妮卡在工作上相当负责，但她很容易陷入依附的关系，遇到并不是真正关心她的对象，并且对对方百依百顺。当她看穿父亲的真正行为后，就不再陷入同样的关系里。这些情况在她接受心理治疗后完全改观了，她在自己体内发现了一个同盟，这位同盟知道该如何帮助她。我认为这正是所有心理治疗应该达成的目标。

这里描述的几个相似的发展案例，是我在过去几年观察到的，多亏它们使我明白了一件事：如果心理治疗要有效，就要废除第四诫的道德含义，我们从很小的时候就经由教养而接受了这种规范。但遗憾的是，因为心理治疗师本身仍未摆脱这层束缚，太多的心理治疗疗程若不是一开始就被黑色教育的规矩引领着，就是在治疗过程的某个时候置入了黑色教育的规矩。第四诫常常和精神分析的指令结合在一起，甚至等到个案接受了一段时间的帮助且终于看到曾遭到的伤害与虐待后，就会像我上述许多案例一样，或早或晚会被治疗师暗示"父母也有好的一面，也曾给了孩子很多东西，而成年人现在则必须为此心怀感激。"单单这种暗示就足以让当事者再度陷入不安中，正是因为这种"被迫的感激"造成了他对自己知觉与感觉的压抑，就如同卡尔泰斯在《非关命运》[48]一书中令人印象深刻的描述。

劳拉曾接受过一位心理治疗师的辅导，这位心理治疗师起初让劳拉第一次能够揭下自己的面具，认清自己的坚强是伪造的。她信赖这位治疗师，认为他可以帮她找到通往自身感觉的入口，同时也让她记起了童年对亲近与温柔的渴望。劳拉和维若妮卡一样，都在父亲的身上寻求拯救，拯救她逃离母亲的冷漠。但和维若妮卡父亲不一样的是，劳拉的父亲表现出对这个小女孩更多的兴趣。有时候他还会跟劳拉一起玩，因此在这孩子心中留下了一个希望，一个对良好关系的期望。劳拉的父亲知道劳拉母亲对她施加的狠毒体罚，即便如此却仍将孩子留在母亲身边，没有保护她，没有对这孩子负起应有的责任。最严重的是，他唤起了这孩子心中的爱，而他并不值得拥有这份爱。我在劳拉给我的信中了解到，这名年轻女子带着这种爱患了严重的疾病，她试着透过心理治疗师的协助来了解这场病的意义。就这样，她的心理治疗师起先看起来值得信赖，透过他的协助，劳拉成功地拆除了心中的防御之墙。但到了后来，当劳拉心中浮现被父亲虐待的怀疑感觉时，这位心理治疗师却开始筑起一道墙。他突然说起孩子心中的恋母愿望，他用与劳拉父亲对她所做的类似方式，使得劳拉变得困惑。劳拉怀疑治疗师因为他自己的软弱反而牺牲了她，或许是他自己也有压抑的记忆并未处理。他提供给劳拉的是单纯的精神分析理论，而非一个知情见证者的同理心。

多亏了劳拉的博学多闻，使她得以看清那位心理治疗师的防御行为。但她却与这位治疗师一起重复了她与父亲的相同行为模式，因为她与父亲之间的关系仍未解除。劳拉无法说出对他的怀疑，她依旧对心理治疗师与父亲心怀感激，感谢从他们那里有所获得，并以这种方式服从着传统的道德，她那童年的依附在这两种关系中都无法解除。因此，虽然她接着尝试了原始疗法与身体疗法，但病症仍未消失。道德似乎获得了胜利，牺牲掉了劳拉的故事与她所承受的痛苦，就像在许多心理治疗的案例中所发生的一样。直到劳拉在一次团体治疗的帮助下，得以放下她那毫无理由的感谢与罪恶感。她认清了童年时父亲的拒绝所造成的所有后果，并且看到父亲对她人生应负的责任。

由于承认了自己的真相，劳拉得以去过一段有创造性的全新人生。她现在知道自己已不再受到危险的威胁了，只要她能察觉到自己的父亲根本就是个懦夫，也从未帮助过她，因为他完全不想这么做，也因为他需要用劳拉来发泄他自己所受的伤，以便他永远不用去感觉这些伤口的存在。由于察觉了这些,劳拉的身体明显地平静了。原本那颗医生一定要开刀处理的肿瘤也很快地萎缩掉了。

劳拉在之前的一次心理治疗时,曾接受过观想方法的建议,她当时对这种方法抱持着很大的期望。她成功地记起一个场景,那时她才 7 岁,那位在其他方面都被理想化的父亲,由于妒忌而打了她。心理治疗师告诉她,她应该将父亲想象为友善的,并且试着以正面形象去取代负面的旧形象。这种方法真的帮助劳拉理想化父亲,持续了好几年。那段期间,她子宫内的肿瘤继续长大,直到她决定面对真相,真相向她传递有关她真实记忆的讯息。

心理治疗会提供将负面感觉转化为正面的方法。这种操控方式通常有利于强化否认,否认的行为能让个案逃避自身(受到真实情绪暗示的)真相所带来的痛苦。因此,透过这种方法获得的成功只会持续一小段时间,而且还是相当有问题的。原始的负面情绪是身体的重要信号。如果这些情绪传递出来的讯息被置之不理,身体就必须发出新的讯息让人听到它。

人为制造出来的正面感觉不只持续的时间很短,还会让我们停留在孩童时期的期望状态，希望父母总有一天会只展现他们好的一面，我们永远不需要感觉对他们的愤怒或恐惧。但如果我们希望真正长大成人，且活在我们当下的现实里，我们必须摆脱这种虚幻的天真的期待。为了做到这点，我们必须承认所谓的负面情绪，并且可以把这些情绪转换成有意义的感觉，借此了解产生情绪的真正原因，而不是尽可能以最快的速度消除这些情绪。被人体会过的情绪不会永远存在，只有在被驱逐时，这些情绪才会在身体里筑巢。

纾压、按摩与各种身体疗法可以暂时带来很好的放松效果，让肌肉或结缔组织等部位摆脱压抑的情绪压力、缓和紧张，进而克服痛楚。但压力总会再度出现，如果情绪的来源依旧不为人所知，如果内在小孩对处罚的预期心理仍然非常强烈地存在于我们心中，我们依然会害怕惹恼父母或替代父母的人。

只要我们被迫宽大地对待最初引发我们怒气的对象，那么那些常常受到推荐的"释放"、"排除怒气"的练习（像打枕头或拳击等），效果就会同样有限。劳拉尝试了许多这种练习，但永远只有短暂的成效，直到她准备好去感觉所有她对父亲的失望情绪，而且不仅只是去感觉怒气，还包括痛楚以及恐惧，她的子宫便在没有纾压练习的情况下自然而然地摆脱了那麻烦的肿瘤。

第三部

厌食症：对真正沟通的渴望

……因为我找不到合我胃口的食物。

如果我找到这样的食物，相信我，

我不会引人注意，

我会像你与大伙一样

吃得饱饱的。

——弗兰兹·卡夫卡（饥饿艺术家）

当我们忽视身体的讯息，例如生气的感觉时，我们就不能去爱、重视或者了解自己。

导读

让道德获得最大胜利的领域，是对厌食症的治疗。由于或多或少的明确警告："你看看，你让父母多不开心，看他们为了你多么伤心难过！"随之会加强罹患厌食症的年轻人心中的罪恶感。饥饿的意义、饥饿的真正讯息，在这种警告中完全遭到忽视。然而厌食症则显示身体是多么清楚地对"它的主人"示警了疾病的真相。

许多厌食症患者认为："我必须敬爱与尊敬我的父母，原谅他们所做的一切，了解他们，正面思考，学会遗忘。这些我必须全都做到，而且绝对不能显现出我的困境。"

但如果我强迫自己去感觉不属于我的感觉，如果我不再知道我真正感觉到、想要的、希望的，以及需要的是什么，以及为什么我要做人们教我去做的事情时，那个我（真正的我）究竟还会是谁呢？我可以强迫在工作、运动、日常生活方面等获得很高的成就，但当我想强迫自己去感觉的时候（不管是不是借由酒精、毒品或药物的帮助），我早晚都将面对自我欺骗的后果。我将自己缩减成一个面具，完全不知道自己究竟是谁。这种所知的根源存在于我的真实感觉中，这些感觉与我的经历是一致的。我的身体是这些经历的守护者，凭着我身体的记忆。

当我们忽视身体的讯息，例如生气的感觉时，我们就不能去爱、重视或是了解自己。有一大串"心理治疗"的规则与方法是用来操控情绪的，它们会非常认真地告诉我们，如何阻止悲伤并开始享受生命。罹患严重症状的患者会在医院接受这类建议，希望能借此摆脱对父母的蚀人愤恨。

这种方式会成功一段时间并且减轻一些负担，因为他们的治疗师"乐于"让病人这么做。病患就像是个服从母亲教养方式的乖巧孩子，觉得自己被接受、被爱了。但如果身体完全没被人倾听，它就会逐渐再度以旧病复发的方式来彰显自身。

同样让心理治疗师感到棘手的是治疗儿童多动症。如果这些孩子的情况被视为与遗传有关，或是应该加以矫正的坏习惯，这些孩子要怎么融入家庭呢？是否所有真正的病因都将成为秘密？但如果我们准备好去看清这些情绪的现实的基础，会发现而这种疾病恰恰反映了他们缺乏照料、遭受虐待，尤其是缺乏情绪滋养，我们眼中就不会再看到无意义地到处吵闹的孩子，而是承受着痛苦的孩子，是不能知道受苦之因的孩子。如果我们能接受这些，就能帮助他们。也许我们（和他们）便不会那么害怕情绪、痛楚、恐惧与愤怒，而是理解我们的父母究竟对我们做过什么。

多数心理治疗师支持的，是无论如何都不对父母追究责任的态度，导致了对疾病之因不自觉地漠视，同时也影响了治疗疾病的时机。现代的大脑科学家在几年前便已知道，出生的第 1 个月到 3 岁期间，如果与母亲之间缺乏良好且可信赖的连结，脑中将会留下有重大影响的痕迹，并会导致严重的失调。或许是该让这种知识在心理治疗师的训练中传播开来的时候了，如此一来，他们接受的传统教育所造成的伤害性影响，也许会稍微减弱。因为禁止我们过问父母行为的，常常就是我们自身的教养，也就是相信黑色教育的合法性所造成的。传统道德、宗教规条，以及某些精神分析理论，都显示了对于父母责任的回避。他们害怕这么做会加重父母的罪恶感，也害怕如此一来这些父母可能会再次伤害孩子。

我深信一旦建立起治疗的关系，说出真相是可以唤醒个案的。当然，儿童心理治疗师无法去改变"问题"儿童的父母，但如果将必要的知识传达给父母，那么基本上就能对改善父母与孩子的关系起到协助作用。如果告知父母真正沟通的情绪滋养意义，并且帮助他们使用这方面的知识，就会为父母打开一扇通往全新体验的大门。父母拒绝与孩子沟通，常常并非出于恶意，而是因为他们自己在小时候也没有经历过这种形式的情感关怀照顾，他们完全不知道这种东西存在。父母可以与孩子一同学习如何有意义地沟通，但前提是这些孩子要获得心理治疗师全然的支持，而这位心理治疗师自己也必须摆脱了黑色教育，也就是完全站在孩子这边。

有这样的治疗师提供知情见证者的支持，鼓励多动（或承受着其他苦痛）的孩子去感觉他的不安，而非发泄他的不安，并且对父母表达他的感觉，而不是害怕感觉并与感觉分离。如此一来，父母会从孩子身上学到，人可以拥有感觉，而无须害怕感觉将导致恶果，感觉反而可以让人得到依靠并且创造互信。

我知道有位母亲很感谢她的孩子拯救她摆脱了她对父母的毁灭性依附。这位母亲小时候曾遭到父母严重的虐待，她接受了许多年的心理治疗，但她依然努力强迫自己去看父母好的一面。她因女儿的多动症以及具有攻击性的情绪爆发行为而深感痛苦，她的女儿自出生以来就不断地接受医生治疗。这种状态几年下来都没有改善。她带着孩子去看医生，给孩子吃不同的药，定期造访自己的心理治疗师，但却一再地为自己的父母辩护。她从未认为自己是因为父母而受苦，而只意识到孩子让她痛苦。直到有一天，她终于通过一位新的心理治疗师的治疗看清了她 30 年来对父母积压在心中的不满，她虽因此勃然大怒，但是此时奇迹发生了（虽然这根本不是奇迹）：在短短几天之内，她的女儿开始用正常的方式玩耍，多动的症状都消失了，会提出疑问并且明确地回答。这位母亲犹如从厚重的迷雾里走出来，第一次看清她的孩子。

而这样一个不被利用的孩子，便可以安静地玩耍，不需要像发疯似得跑来跑去。她不用再去完成拯救妈妈的不可能任务，或是用她自己的"失调"来让妈妈面对真相。

真正的沟通是以事实为根据的，这些事实让人能传达自己的感觉与想法。相反的，混乱的沟通所根据的是被扭曲的事实，以及为自己不想要的情绪而指责别人，这些情绪针对的其实是童年时的父母。黑色教育只懂得这种操控式的相处之道。直到不久之前，这种方式仍旧无所不在，但现在有例外了，以下的例子就是如此：

7岁的玛丽在被老师体罚后，拒绝上学。玛丽的妈妈芙劳拉没有办法了，毕竟她无法强迫孩子去学校。她自己从来没打过孩子。她去找老师，与老师对质，并请她向孩子道歉。老师非常生气地说："如果老师必须要向孩子道歉，我们以后要怎样教育孩子呢？"她认为小玛丽被打是罪有应得，因为当她对玛丽说话时，玛丽完全没注意听。芙劳拉冷静地说："一个不注意听你说话的孩子，或许早就对你的声音或表情感到恐惧了。体罚只会让她更害怕。相对于体罚，我们应该要和孩子对话，获得孩子的信赖，这样才能消除她的紧张和恐惧。"

突然，老师的泪水盈满眼眶。她瘫倒在椅子上，低声说道："我小时候除了被体罚以外什么也不知道，没有人会跟我对话。我永远只会听到我母亲对我吼：'你从来都不听我的话——我究竟该拿你怎么办？'"

芙劳拉突然感到很同情。她本来是想来告诉老师，很久以前学校就已经禁止体罚了，她要向警方举发。但现在，坐在芙劳拉面前的是一个活生生的人，一个她可以与之商量的人。最后这两位女士一同思考该怎么做才能重新赢得小玛丽的信赖。老师表示要向孩子道歉，她后来也这么做了。她让玛丽不必再害怕，因为体罚是被禁止的，是老师做错了。她告诉玛丽有权在这种情况下抱怨，因为老师的确犯错了。

玛丽又再度开始喜欢上学了，她现在甚至展现出了对老师的同情心。因为这位老师有勇气去承认自己的过错，所以玛丽将会清楚地发现其实成人的情绪与他们的经历有关，并非自己的行为。如果孩子的行为引发了成人的强烈情绪，孩子无须为此感到抱歉，就算是成人试着将责任加诸在他们身上时也一样。

　　和玛丽有着相似经历的孩子将会明白，他们不需要为其他人的情绪负不必要的责任，他们只需要为自己的情绪负责。

安妮塔·芬克的虚构日记

在我收到的众多信件与日记中，有着大量被残酷虐待的童年的证明。其中也有部分是（虽然比较少）能使撰写人解开童年创伤后果的心理治疗案例。有时候人们会请我出版这些故事，其实我有些犹豫，因为我不清楚个案是否在几年后仍旧乐意在一本别人写的书里看到自己或者自己的故事。

所以，我决定写一篇虚构文章，但内容是有事实根据的。我猜测很多人心中都带着类似的苦痛，可是没有机会完成成功的心理治疗。我的这篇文章的主角名为安妮塔·芬克，文章内容就是她在心理治疗过程中的日记，是帮助她摆脱一种严重至极的失调问题，也就是厌食症的过程的真实记录。

即使是最传统、最严格的医界专业人士，也同意厌食症是一种身心失调疾病。当一个人（通常是年轻人）的体重减轻到会引发生命危险时，我们认为病人的心灵也是会"受影响的"。这种观点普遍来说已不再具有争议性了，就连在医学领域也一样。但这些人的心灵状态多半仍浑沌不明。以我的观点来看，这是为了不伤及第四诫。

我已在《夏娃的觉醒》中对传统厌食症治疗的方法提出一些质疑。这些诊疗的目标只是为了增加病人的体重，使体重数字恢复正常，而不看清造成失调的原因。我不想在本书中继续辩论下去，我想借由一个故事来告诉读者会导致厌食症加剧的心理因素，以及解决方式。

卡夫卡笔下的"饥饿艺术家"在他生命走到尽头时说过，他饥饿是因为他找不到合胃口的食物。安妮塔可能也会说出同样的话，但她要在变健康后才会这么说，因为那时她才会知道哪些食物是她需要的、哪些是她找寻的、哪些是她自童年以来就错失的是真正的沟通，没有谎言、没有错误的担忧、没有罪恶感、没有责备、没有警告、没有制造出来的恐惧亦没有投射。这种理想中的沟通，就像是母亲与在她期待下出生的孩子，在人生的第一个阶段于最完善的状况之中的沟通。如果这种沟通从未发生过，如果孩子被谎言喂养长大，如果言语和手势只是为了用来掩饰对孩子的拒绝、仇恨、厌恶和反感，孩子将会抗拒靠这种"食物"来成长。他会排拒这种"食物"，日后便会变得食欲缺缺，不知道自己需要的是哪种食物。因为他从没有经验过，所以他根本不知道有这种食物存在。

成年人虽然可以模糊地知道有这种食物的存在，可能还是会陷入暴食，因为他一直在追寻他所需要但又不知是什么的食物，因此不加选择地吃下所有可以吃的东西。他将会肥胖、食欲过盛。他不想放弃，他想吃，无止境地吃，毫无节制。但由于他像厌食症患者一样不知道自己需要什么，因此他永远也吃不饱。他想要自由，可以什么都吃，没有任何束缚，但最后他却活在自己的暴食症之中。为了摆脱暴食症，他必须向某人诉说自己的感觉——他必须感觉到自己被倾听、被理解、被认真对待，让他不必再隐藏自己。直到这个时候他才会明白，这才是他找了一辈子的那种食物。

卡夫卡的饥饿艺术家没有为这种食物命名，因为就连卡夫卡也无法为它命名。他小时候也没有经历过真正的沟通。他因为这种匮乏而承受着非常大的痛苦，他所有作品描述的都是错误的沟通，例如《城堡》《审判》《蜕变》。在这些故事里，他的问题得到的回答都是奇怪的曲解，故事中的人物觉得自己孤立无援，无法让自己的声音被其他人听到。

安妮塔·芬克长期以来也遇到了类似的状况。她生病的真正原因是那从未满足的沟通渴望，她渴望能真正地与父母及男友沟通。她的拒绝进食是这种匮乏的警示。她最终康复了，可能是因为安妮塔认为终于有人愿意真的理解她。从1997年9月开始，17岁的安妮塔在医院里写起了日记。

1997年9月15日

好吧！他们办到了。我的体重改善了，而我则获得了些许希望。但我为什么要说"他们办到了"？这并不是他们的功劳。在这个可怕的医院里，他们从一开始就让我神经紧张，比在家里还糟糕。"你必须这样、必须那样，你可以这样、不可以那样，你以为自己是谁？我们正在帮你啊！你必须信任、听话，不然没有人可以帮得了你。"

真该死，你们怎么会如此狂妄？为什么我服从了你们的愚蠢规定，像你们的机器零件那样运作，我就能变得健康？

那些会杀死我。而我不想死啊！你们一直说我想死，但那是胡说八道。我想活下去，但不要这样子活着，我不想让人规定我该怎么做，他们认为我照着规定做才不会死去。我想以我自己的样子生活，但大家不让我这样做，没有人会让我这样做。所有人都对我有所企图，他们的那些企图其实会毁了我的人生。我想告诉他们这些，但我该怎么做呢？该怎么对人们说出这些呢？他们到这间医院来完成他们的工作，他们只想提出成功的工作报告（"安妮塔，你今天吃完面包了吗？"），然后晚上因为终于可以离开像我这样的骷髅而感到开心，回家去听音乐。

没有人愿意倾听我。那位亲切的精神科医生，装得好像在倾听我的样子。但他真正的目的显然不是这样。我清楚地看出来了，从他对我好好说话的方式，从他想为我制造生活勇气的行为（你如何能"制造"勇气呢？），从他给我的解释：这里所有人都想帮助我，如果我能信任他们，我的病情一定会好转。是啊，我病了，我的病就是因为我不相信任何人。但我将会在这里学到这点。接着，他看了看时间，也许正想着他在今晚的讨论课上要如何好好地呈现这个案例。他找到了厌食症的解决办法：信任。你这个笨蛋！就在你对我叨念着信任的时候，你正在想些什么呢？所有人都对我叨念着信任，但他们不值得！你说你会倾听我，但你做出来的事只是想去感动我、愚弄我、让我喜欢你、赞叹你，以及从中获得你要的东西：在讨论课上和你的同僚们说，你多巧妙地使一个聪明的女人信任你。

你这个骄傲自大的家伙，我已经看穿了你的把戏。我不会再让自己上当了。如果我有一点点好转，这并不是你的功劳，而是因为妮娜。她是葡萄牙籍的清洁女工，晚上偶尔会在我这里陪我一会儿，她真的会倾听我，在我自己反应过来之前她会先对我的家人感到愤怒，我起初有可能生气，但现在我会感谢妮娜对我告诉她的事情有这样的反应。我开始了解到我是在冷漠与孤独之中长大的，没有和家人明显的连结。我究竟该从哪里获得我的信任呢？和妮娜说话首次唤起了我的食欲，我开始进食，因为我知道某些东西就要出现——真正的沟通，这是我一直渴望的东西。我过去被强迫吃下了那些我不想吃的食物，因为它们不是食物，它们是我母亲的冷漠、愚蠢与恐惧。我的厌食症是在逃避这些虚伪、有毒的"食物"。厌食症改变了我的人生；改变了我对温暖、理解、沟通与交流的需求，就像妮娜一样。现在我已经知道我寻找的东西是存在的了，只是我长久以来不被允许知道而已。

在我和妮娜接触之前，我完全不知道有和我的家人或同学完全不一样的人存在。所有人都是那么正常、那么难以接近，所有人都不了解我，他们觉得我"很奇怪"。但对妮娜来说，我一点也不奇怪。她在德国做清洁工作，她本来在葡萄牙读书，但她没有钱继续深造了，因为她爸爸在她高中毕业后不久就过世了，她必须去工作。即便如此，她却可以理解我。并不是因为她刚开始上大学，与此完全无关。她有一个表姐，她告诉了我很多有关这个表姐的事，表姐会倾听她、认真地对待她。妮娜现在也会这样对我，完全不费劲而且也不带质疑。我对她来说并不陌生，虽然她在葡萄牙长大而我在德国。这不是很神奇吗？我虽然在自己的祖国生活，但却感觉像个外国人，甚至像个麻风病患者，只是因为我不是你们想象中的那个我，而且我也不想变成那样。

我借着厌食来表达这些。你们看看我的样子吧！我的样子让你们觉得恶心吗？这样更好！那么你们就会被迫了解，我和你们的关系不对劲。你们移开视线，你们觉得我疯了，是的，这让我很痛苦。但比起成为你们中的一员，这样还好一点。如果我以某种方式疯了，是因为我被你们推开，是因为我拒绝背叛本性去迎合你们。我想知道自己是谁、为什么要来到这个世界、为什么是这个时间、为什么在这里、为什么在我父母家，显然他们根本无法了解我、接受我。我到底是为了什么来到世界上？我在这里要做些什么呢？

我很开心，自从和妮娜聊天后，我便不再需要将所有这些问题藏在厌食症背后了。我要找出一条道路，一条能让我找到我问题答案的道路，并且以适合我自己的方式去生活。

1997 年 11 月 3 日

我现在已经离开医院了，因为我达到了规定的体重低标。这样似乎就足够了。除了我和妮娜以外，没有人知道这为什么会发生。那些人深信他们的饮食计划造就了所谓的病情好转。他们就这样相信并为此高兴吧。无论如何我很高兴离开了医院。但现在怎么办呢？我必须为自己找个住的地方，我不想留在家里了。母亲还是像往常一样操心。她投注自己所有的生命力全在关心我，这让我很烦躁。如果她继续这样下去，我害怕自己又会再度无法吃东西，因为她对我说话的方式让我胃口尽失。我感觉得到她的恐惧，我想帮助她，我想吃东西，让她不要害怕我会再度瘦下去，但这整出戏我撑不了太久。我不想为了要让我母亲不要害怕我会变瘦，所以去吃东西，我想因为我有兴致吃而吃。但她对待我的方式破坏了我所有的兴致，就连其他兴致也被她有系统地摧毁了。当我想和辛迪碰面的时候，她说辛迪被有毒瘾的人影响了；当我和克劳斯打电话的时候，她说克劳斯现在满脑子只有女生，她觉得他不可信赖；当我和伊莎贝尔阿姨讲话的时候，我看到她对自己的妹妹吃醋，因为我对阿姨比对她要坦率得多。我有种感觉，觉得我必须调整并缩减我的人生，好让我的母亲不要抓狂，让她快活，甚至让我身上不再有任何剩余之物。这与心灵上的厌食有什么不同呢？在心灵上使你自己削瘦，直到什么也不剩，好让母亲平静下来、不会害怕。

1998 年 1 月 20 日

我现在已经租到了我自己的房间，是和陌生人分租的。对于父母的准许，我到现在还是非常讶异。他们也不是没有反对，但我在伊莎贝尔阿姨的帮助下获得了同意。刚开始我非常开心，我终于能清静一下了，不用一直被母亲控制。我可以安排我自己的日子。我是真的很高兴。但高兴没有持续太久，我突然忍受不了独自一人。对我来说，房东的漠不关心似乎比母亲持续的管束还要糟糕。我渴望自由那么久了，现在当我拥有了自由之后，自由却让我感到害怕。我有没有吃饭、吃了什么、什么时候吃的，房东柯特太太全都无所谓。她显然完全不在乎，这让我快要无法忍受了。我开始责备自己：我究竟想要的是什么呢？你根本不知道自己想要什么。你不满意有人对你的饮食行为感兴趣，但当别人无所谓的时候，你又觉得少了些什么。要让你满意很难，因为你不知道自己要的是什么。

就在我这样自言自语了半小时之后，我突然听到了父母的声音，他们的声音还在我耳里回荡着。难道他们是对的？我必须自问，我真的不知道自己要什么吗？在这个空荡荡的房间里，没有人会干扰我说出我真正渴望的是什么。没有人会打断我、批评我、使我不安。我想试着找出自己真正的感觉和需求。但一开始时我却说不出话来。我的喉咙像被勒住了一样，我感觉到自己的泪水涌了上来，我能做的只有哭泣。直到我哭了一阵子后，答案才自个儿冒了出来：我想要的只是你们倾听我、认真待我、停止教训我、批评我、否定我。我希望在你们身边可以感到很自由，就像我和妮娜在一起时感觉到的一样。她从未对我说过我不知道自己要的是什么。和在她在一起时，我也知道自己要什么。你们教训我的方式使我胆怯，阻碍了我的本性。我不知道该怎么将我的本性说出来，我不知道我该怎么做才能让你们满意我、让你们爱我。但如果我有了这项本事，我所获得的就会是爱了吗？

1998 年 2 月 14 日

每当我在电视里看到有些父母因为他们的孩子在奥运上获得金牌而开心地放声大叫时，我都会打个冷颤，心里想着这 20 年来他们爱的究竟是谁。是那个为了最终能体验父母以他为荣的这一刻，用尽所有力气去练习的孩子吗？他会因此而觉得被他们爱着吗？如果他们真的爱他，他们也会有这种疯狂的虚荣心吗？而且如果他对父母的爱有自信的话，他有必要去赢得金牌吗？他们事实上究竟爱的是谁呢？是那位金牌得主？还是他们那个或许因为缺少爱而受着苦的孩子？我在电视屏幕上看到像这样的金牌得主。在他得知自己获胜的那一刻，他颤抖地哭了起来，泪流不止。那不是喜悦的眼泪，你可以感觉得到那使他颤抖的苦痛，或许只有他自己没意识到事实而已。

1998 年 3 月 5 日

我不想当你们希望的那个我。而我还没有勇气去做我希望的自己，因为我还为了你们的拒绝以及在你们身边所感到的孤寂而痛苦。但如果我想让你们满意，我就不会孤单了吗？那是在出卖我自己。当母亲在两周前生了病且需要我的帮忙时，我几乎因为有借口回家而感到开心。但我很快地就无法继续忍受她为对我而言操心的方式了。我无法不在她的关心中感到虚伪，她说她担心我，那让她成为我不可或缺的人。我觉得这是在诱导我去相信她是爱我的。但如果她是爱我的，我会感觉不到这种爱吗？我不是怪胎，如果有人喜欢我、让我畅所欲言、对我所说的话感兴趣，我可以察觉出来。在母亲身上，我只感觉到她想要我关心她、爱她。同时，她还希望我相信她并不是这样的。这对我来说是勒索！也许我早在小时候就有这种感觉了，但是我说不出来，因为我根本不知道该怎么说，直到现在我才意识到。

另一方面我为她感到难过，因为她也渴望人际关系，她比我还不能察觉到这点，比我更无法表现出来。她就像被囚禁了，而这种囚禁的状态让她感到很无助，所以她必须不断地重建她的权力，尤其是对我的权力。

好吧，我再度试着去理解她。究竟何时我才能解脱呢？何时我才能不用当我母亲的心理医生呢？我寻找她，我想了解她，我想帮助她。但一切都没有用。她不想被人帮忙，她不想让自己软化，她似乎只需要权力。我也不想再继续参加这场游戏了。我只希望自己能看清一切。

父亲就不一样了。他回避所有的事情，避免和这些事有所交集但母亲就不一样了，她无所不在。无论是在责备或是显示她的需求、失望与怨言，我都无法抽身离开她眼前，但这种面对面不是我需要的情绪滋养，她毁了我。父亲的逃避对我来说也是一种伤害，因为我还是小孩的时候一定是需要滋养的。如果我的父母拒绝给我滋养，我应该去哪里寻找呢？我曾经极需的滋养是一段真正的关系，但无论是母亲或父亲都不知道那是什么，而且他们都很害怕和我有真正的连结，因为他们自己还是小孩子的时候也没受到保护。现在我又想试着去了解父亲，这 16 年来我不断地这么做。但现在我想摆脱这习惯了，无论父亲将如何承受着孤独。事实上是他首先默许我在孤独中成长。我小时候，他只会在需要我的时候才来找我，却从来没有为了我而存在。后来他也总是回避着我。这些都是事实，我想以事实为根据，我不想再继续逃避现实了。

1998 年 4 月 9 日

我的体重又减轻了许多。医院的精神科医生给了我一位心理治疗师的地址，她叫做苏珊。我已经和她会谈过两次了。直至目前为止，进展得还不错。她和那位精神科医生不一样，我觉得她是理解我的，这大大地减轻了我的负担。她不会试着说服我，她会倾听，会说自己的事，说些她的想法，并鼓励我说出自己的想法，鼓励我相信自己的感觉。我告诉了她关于妮娜的事，我还是一样不喜欢吃东西，但至于为什么会这样，我现在更能理解而且也了解得更深入了。因为我被人用错误的情绪滋养喂了16年，我现在已经受够了。要不是我为自己找来正确的滋养并且借由苏珊的帮助找到勇气，我就得继续我的饥饿罢工。

这算是饥饿罢工吗？我并不这么认为。我就只是没兴致进食，没有胃口，我只是不再喜欢食物了。我不喜欢谎言，我不喜欢假装，我不喜欢回避。我非常希望可以和我的父母聊天，告诉他们有关我的事，然后听听有关他们的事，听听他们小时候的事情、他们对现在的世界有什么感觉。他们从来不对我说这些。他们不断试着教我要举止合宜，并且回避所有私人的事物。我现在已经觉得很厌烦了。为什么我不干脆离开呢？我为什么还要一再回家，忍受着他们对待我的方式呢？是因为我对他们感到抱歉吗？这也没错。但我必须承认，我仍旧是需要他们的，我依然很惦念他们，虽然我很清楚他们永远不可能给我那些我需要他们给的东西。也就是说，我的心智了解这点，但我内在的小孩无法了解、也不知道。内在的小孩不想知道。她只是希望被爱，无法理解自己为什么从一开始就没得到爱。我有可能在某个时候接受这点吗？

苏珊认为我可以学习去接受。幸好她没有说我被自己的感觉欺骗了。她鼓励我认真去看待、去相信自己的知觉。这真的非常棒，这种状况我还从没遇到过，就连与克劳斯在一起，也不曾有过。每当我告诉克劳斯一些事情，他常常说："那只是你自己的想法。"好像他可以比我更清楚我自己的感觉一样。但可怜的克劳斯啊，他觉得自己很重要，其实也只是在重复他父母对他说的话而已："你被你的感觉迷惑了，我们更懂。"等等。他的父母或许是习惯性地这么说，因为人们就是会说这种话。事实上，他的父母和我的父母还是不一样的。他们还比较乐意倾听，而且愿意理解克劳斯，尤其是他母亲。她常常会问克劳斯一些问题，让人觉得她真的想了解克劳斯。如果我母亲也问我同样的问题，我会很高兴。但克劳斯却不喜欢这样，他希望他母亲不要烦他，让他自己去做决定，而不要总是想在一旁帮助他。当然，这样也不错，但克劳斯的这种态度会拉开我们之间的距离。我就是无法接近他。

1998 年 7 月 11 日

有了苏珊的陪伴，说实话我高兴极了。不只因为她会倾听我、鼓励我用自己的方式去表达我自己，也因为我知道有个人挺我，而且我不必改变自己去让她喜欢我。她喜欢我原本的样子，这是令我最高兴的！我不需要努力去让人理解我，她就是理解我的人。被理解是一种很棒的感觉，我不需要为了找到愿意倾听我的人而去环游世界，若事后没找到又很失望。我已经找到会这么做的人了，多亏了这个人，我可以判断出我是否弄错了状况，例如和克劳斯的事。我们昨晚去看了电影，后来我试着和他聊那部电影。我解释为什么会对影片失望，虽然影评都说这部片很棒。克劳斯只说："你的要求太高了。"这让我想到他以前就这样评价过我，而不是讨论我所说的内容。我一直觉得这样很正常，因为这在我家里也常发生，因此我已经习惯了。

　　但昨天我却突然想到这个。我心想："如果是苏珊的话，绝对不会有这样的反应——她一直都是针对我所说的内容回话。而且如果她不懂我的话，她会追问。"我突然意识到，我从一年前开始和克劳斯交往以来，我一直不敢去面对他其实根本没在倾听我这个事实，他用和我父亲类似的方式回避我，而我觉得这样很正常。这种情况究竟会不会改变呢？为什么应该要有变化呢？如果克劳斯回避了我，说明他有他回避的理由，我无法改变这点。幸运的是，我开始明白我并不喜欢有人回避我，而且我能表达出我的不喜欢。我已经不再是父亲身边的那个什么都不说的小女孩了。

1998 年 7 月 18 日

　　我告诉苏珊，克劳斯有时候会让我很厌烦，但我不知道原因。我是喜欢他的，让我生气的永远是些小事，我会因此责备自己。他对我是一番好意，他说他爱我，而我也知道他很依恋我。但我究竟为什么要那么小题大作呢？为什么要对小事生气呢？我为什么不能能大度一点？我就这样责备着自己。苏珊倾听着，然后她问我究竟是些什么小事，她希望清楚知道所有细节。起初我不愿回答，但最终我察觉到我会一直这样抱怨下去，抱怨自己没有仔细看清楚让我生气的究竟是什么。因为我在可以认真看待自己的感觉并理解它们之前，就先责备了它们。

我开始具体地向苏珊描述细节。最初，那是与一封信有关的故事。我写了一封相当长的信给克劳斯，我试着在信中告诉他，当他劝我放弃我的感觉时，我觉得多么不舒服。例如，当他说我看所有事情都是负面的、我是在鸡蛋里挑骨头、所有不足挂齿之事我都要抱怨一番、我不应该没来由地去操不必要的心，等等。他说的这些话让我很难过，我会觉得很孤单，而且会对自己说同样的话："停止想东想西，接受生命美好的一面，不要那么难搞。"不过多亏了苏珊的心理咨询，我已经发现这类建议对我来说是没有好处的。它们会驱使我去做无意义的努力，这种努力不会带来任何益处。我觉得我这个人被否定了——一再地被否定。甚至是被我自己否定了，就和以前母亲对我做的一样。人们怎么可能在爱一个孩子的同时又希望这个孩子不是她原来的样子呢？如果我一直想要变成另一种样子，而且如果克劳斯也希望我这样的话，我就无法爱自己了，我也无法相信有其他人会爱我。他们爱的究竟是谁呢？是另一个样子的的我吗？或者是我这个人？但他们想要改变我，以让他们能够去爱我呢？我不想为了这种"爱"去努力，我已经累了。

现在，受到心理治疗的鼓励，我把一切都写信告诉克劳斯。我在写信的时候就已经开始害怕他会不了解，或者（这是我最害怕的）他会认为这一切都是在谴责他。但我根本不是这个意思，我只是试着开诚布公，希望克劳斯会因此更了解我。我清楚地写下了为什么我现在会有所改变，而且我希望这个改变过程能将他一起纳入，而不是将他留在外头。

他并没有立刻回信。我很害怕他会生气，怕他会对我不断地想东想西感到不耐烦，怕他会拒绝。但我还是期待着他对我写的内容有所回应。几天的等待之后，我收到了一封他在度假中寄来的信。这封信完全让我惊呆了。他感谢了我的来信，但对于我信中的内容只字未提。反而是告诉我他度假时做了哪些事、他还计划参加哪些登山行程，以及他晚上都和什么人出去，等等。我惊讶不已。当然，我可以选择不把这当一回事，告诉自己：我这封信太苛求他了。他不习惯回应别人的感觉，甚至是对他自己的感觉也做不到，因此他完全无法对我的信有所反应。但如果我想认真对待自己的感觉，那么这种泛泛之论就完全无法帮上我的忙。我觉得自己完全被蔑视，犹如我什么都没写过一样。我心想："这个人对待我如无物！""他怎么能这样对我？"我觉得我的内心受到了致命的攻击。

当我在和苏珊的心理治疗中试图认识这种感觉时，我像个小孩一样地哭了。幸好苏珊并未试着劝阻我放下这种感觉，她让我哭出来，当像拥抱孩子似的拥抱了我，轻抚我的背。当下我第一次了解到，我整个童年在内心一直体验到的会被杀害的感觉是什么。通过克劳斯对我的忽视，我感觉到的并非新的体验，我从很久以前就非常清楚这种感觉了。然而，我却是第一次对这种体会报以心痛的反应，我可以感觉到心痛。小时候没有人能帮助我去体会这种感觉。没有人会拥抱我，没有人会像苏珊那么理解我。以前不被我承认的痛楚通过厌食症的方式来展现，而我并没有去了解它。

厌食症一再地想告诉我一些事情。如果没有人想和我对话，我会感到匮乏。我越感到匮乏，就越从周遭的人身上得到一种全然不理解的信号。正如同克劳斯对我的信所展现的反应一样。医生们开给我不同的处方，父母根据这些处方又变本加厉，当我开始不吃东西时，精神科医生恐吓我会死，给我不同的药物让我进食。所有人都在强迫我有食欲，但他们提供我这种错误的沟通形式完全不会让我有食欲。至于我所追寻的东西似乎是难以获得的。

直到我在苏珊身上感觉到深深的体谅，这个瞬间再度给了我希望，也许每个人在出生时都拥有这种希望：真正的沟通是存在的。每个孩子都在某个时候尝试着与母亲取得沟通。但如果完全没有获得回应，孩子便会失去希望。或许母亲的排拒正是失去希望的理由。现在，感谢苏珊让我重拾了希望。我不想继续和克劳斯这类人在一起了，他们让我和我以前一样，放弃了敞开心扉说话的希望。我想和其他能与我谈论我的过去的人相逢，或许当我提到我的童年时，会让大部分的人感到害怕。但也许有其他人同样愿意敞开心扉。单独和苏珊在一起时，让我觉得犹如到了另一个世界。我已经无法理解自己怎么能和克劳斯在一起那么久了。我越接近那段父亲的漠视行为的记忆，就越清楚看到我与克劳斯之间的连结原点，以及我和其他相似的朋友之间的连结原点。

2000 年 12 月 31 日

今天，时隔两年之后，我又一次读了我的日记。相较于我因为厌食症而必须忍受的那漫长的治疗，这并不算久。我现在可以清楚地看出我如何与自己的感觉切割开来，而且一直还希望能在某个时候和我的父母建立起一段真正的关系。

不过现在这一切已经有了变化。我自一年前起就不再去找苏珊做心理治疗。我不再需要她了，因为我现在可以给予自己内在的小孩体谅，我从苏珊那里第一次体会到人生中的那种体谅。现在的我开始陪伴这个孩子，我曾经是这个孩子，而这孩子依旧存在我的心中。我能够尊重自己身体的信号——不再强迫它。而且我的病症都消失了！我不再有厌食症，我对食物有了胃口，对人生有了兴致。我有几个可以敞开心胸说话的朋友，不用害怕遭到指责。自从我内在的小孩（不只是我成人的部分）了解到她对连结和沟通的渴望，是如何地遭到全然的否认与拒绝，从那时开始，我对父母的期待自然地消失了。我不再会被那些阻挠我诚实面对自己的人所吸引了。我找到了和我有相同需求的人。我不再苦于夜半时分的心悸，也不再害怕进入深邃、漆黑的隧道。我的体重是正常的，我的身体机能稳定了，我不再吃药，我会避免接触那些我知道会引起过敏反应的东西。而且我也知道过敏的原因是什么。我父母也属于这类接触对象，还有一些多年来给了我"好"建议的其他人士也在列。

虽然有了这些正面的转变，但这位我在这里称为安妮塔的真实人物，当她的母亲成功地强迫她重新开始拜访自己后，她再度陷入了过往困境。这位母亲生了病，并且把自己的病因归咎给女儿：安妮塔一定知道不再和她见面将会使她致病。安妮塔怎么能这样对她呢？

这样的戏码常常发生。母亲的身份显然给了她无限权力，让自己可以凌驾于成年女儿的良知之上。她在童年未曾从自己母亲身上得到的东西（面对面与照顾）只要能引发女儿的罪恶感，就可以轻易地向自己的女儿索取。

当安妮塔觉得自己再度被旧有的罪恶感淹没时，心理治疗带来的所有成效似乎岌岌可危了。所幸厌食的症状并没有再次出现。但去拜访母亲让安妮塔清楚地意识到，如果她不能从这种情感上的强迫勒索中"逃出来"，或者不能停止去探望母亲，那么她就可能会再度罹患新的病症。因此，她回到苏珊那里，希望再次获得苏珊的帮助与支持。

出乎意料的是，安妮塔再次见到的是一个她从不认识的苏珊。这一次，苏珊试着让安妮塔明白，如果她想完全摆脱罪恶感，也就是摆脱她的恋母情结，那么首先就应该做一次完整的精神分析。苏珊认为安妮塔被父亲虐待的经历可能在她心中留下了对母亲的罪恶感，因此加深了她对母亲的依赖。

安妮塔无法接受这种诠释。因为她现在除了有被操控的愤怒之外，她无法有其他的感觉。她觉得现在的苏珊就像个精神分析学派的俘虏，她相信着精神分析学派的教条而且无视自己的抗议。苏珊曾经帮助安妮塔甩开黑色教育的样板，但现在的苏珊却展示出她自己对精神分析学派教条的依赖，这些建议听在安妮塔的耳朵里完全是错误的。安妮塔比苏珊年轻了将近 30 岁，她不再需要服从那些墨守陈规的教条了。

于是，安妮塔离开了苏珊，找到了一个同年龄的团体，这个团体里的成员全都在心理治疗时有过类似的经验，他们追求的是不带"矫正"的沟通形式。这个团体帮助安妮塔离开了理论的漩涡，她在这个团体里获得了她所需要的保证。她的忧郁症消失了，就连厌食症也没有复发。

厌食症是种非常复杂的疾病，有的时候还会造成生命危险。一个年轻女人可能会因此折磨自己致死，因为她其实是借由厌食，反复诉说着父母曾在她童年时对她做过的事情。她无意识地再次上演了童年所受的苦，当父母拒绝给予她重要的情绪滋养时，她的心灵再次受到他们的折磨。这种说法似乎引起了医学界相当大的不适，以至于医学界宁愿抱持着厌食症是不可理解的，虽然可以投药，但无法真正治愈的观点。类似的误解之所以会产生，是因为身体的故事遭到了忽视，以第四诫之名献给了道德的祭坛。

安妮塔先是透过妮娜、接着经由苏珊、最后在团体里，明白了她有权去坚持自己对于情绪滋养的需求，她再也不需要放弃这种滋养，而且只要她生活在母亲的身边，就会以忧郁症付出代价。安妮塔了解到她必须先充分地认同她的身体，身体才不再需要去提醒她。她开始学会尊重身体的需求，而且只要忠于自己的感觉，她就不再会让任何人无故指控她自私。

多亏了妮娜，安妮塔在医院里第一次经验了人情温暖与同理心，释放了情绪上的需求和责难。后来她幸运地遇到可以倾听与感觉她的心理治疗师苏珊。她也在苏珊那里找到了自己的情绪，并且敢于去体会和表达。从这时开始，她明白了自己所找寻与需要的是哪种滋养，她可以建立新的人际关系，并且脱离旧有的人际关系，因为她在旧有的人际关系里期待着她并不清楚的东西。现在的她真的了解了。多亏了苏珊那次的经验，她日后才能看出这位心理治疗师的局限。她将不会再为了逃避别人的谎言，而爬进洞里躲藏。她将会每次都以自己的真相与这些谎言对抗。她永远不再需要挨饿，因为现在的人生对她来说是值得过下去的。

安妮塔的故事其实不需要更进一步的展开。她在其中描写的事实，已经足够让读者了解让她生病的真正原因。她生病的来源是缺乏与父母及男友之间真实的情感交流。一旦她知道现在身旁存在着有意愿并有能力理解她的人，她当然就会康复了。

在那些储存于我们的身体细胞之内，被抑制（或压抑、分离）的童年情绪里，最主要的就是恐惧。被殴打的孩子必定会不断恐惧着再次被打，但他无法一直活在被人残酷对待的认知里。同样地，一个被人冷落的孩子不会有意识地感觉到自己的痛楚，更遑论他因为被遗弃的恐惧而无法表达。因此，这样的孩子会停留在一个不真实的、理想化的、幻想的世界中。这种幻想世界帮助他存活下来。

有时，平凡至极的事件在成年人身上会触发那曾被抑制的情绪。但这些成年人很难理解："我？害怕我的妈妈？为什么？她绝不会伤害我；她对我很和蔼，尽其所能地对待我。我怎么可能会怕她呢？"或者另一种状况是："我的妈妈很可怕。但就是因为我知道，所以我切断了所有和她的关系，我完全不依赖她。"对成年人而言，这可能是真的。然而，他心中也可能还有一个未整合的小孩，这个内在小孩的惊慌和恐惧没有被接受，或是被有意识地感觉，因此才将这种恐惧对准了其他人。这种恐惧可能会在没有明确理由的状况下突然袭来，并且变成惊慌失措，如果没有在知情见证者的陪伴下，有意识地去体验他对母亲或父亲无意识的恐惧，这种恐惧可能会持续数十年。

安妮塔的恐惧让她不信任医护人员，也让她无法进食。这种不信任虽然是合理的，但并不必要。这是一种混乱，安妮塔的身体只会不断地说：我不想要这个。但无法说出它想要的是什么。直到安妮塔在苏珊的陪伴下，可以有意识地体验她的情绪，然后她发现了自己心中最早期的恐惧，是源自在情绪上抑制她的母亲，她才能摆脱这些恐惧。从那时开始，她更能在当下找到头绪，因为她的分辨能力更强了。

安妮塔现在已经知道，强迫克劳斯进入一个真诚、敞开心胸的对话情景是徒劳无功的，因为这完全要靠克劳斯改变他的态度。克劳斯已经不再是她母亲的替代品了，她突然发现周遭有许多和她的父母不一样的人，在这些人面前她不再需要保护自己。由于她现在已经认识了那个非常幼小的安妮塔身上的故事，她不再需要去害怕那些故事，也不需要让故事再次上演了。现在的她越来越能辨清形势，并且将今天与过去区别开来。在她新发现的饮食乐趣中，反映出她对与人来往的兴致，这些人会对她敞开心胸，她也无需费力就能和他们顺利交流。

她尽情享受着与这些人的交流，有时甚至会很诡异地自问，那些几乎将她与所有人隔开来那么久的猜疑与恐惧都去哪里了？自从眼前的状况不再那么模糊不清地与过去纠缠在一起后，那些猜疑与恐惧就真的消失无踪了。

我们知道有许多青少年对精神医学抱持着不信任的态度。他们不相信精神科医师是"为了他们好"，即便这种状况绝对是有可能发生的。他们预期会在医生那里遇到各式各样的诡计，也就是那些服从于传统道德的黑色教育的论调，全都是他们自小就熟悉且怀疑的东西。心理治疗师必须先赢得患者的信任。但如果他面对的个案，过去曾一再地经验到自己的信任被滥用，心理治疗师该如何获得对方的信任呢？他是否需要花上数月或是数年以便建立一段有帮助的关系呢？

我不这么认为。我的经验是，即便是非常多疑的人，当他们真的感觉到受人理解，而且人们接受他原来的样子时，他们也会仔细倾听并且解开心防。安妮塔的回应就是这样，当她遇到那个葡萄牙女孩妮娜，以及后来的心理治疗师苏珊后，她的身体迅速帮她放下了猜疑，当身体认出以前一直被剥夺的真正滋养，便产生了进食的欲望。如果人们是出于真正想要了解的意愿，而不是戴着虚伪的面具，他们将很快就会被认出，甚至是多疑的青少年也会看得见。在提供帮助时，不可以存有一丝虚假的谎言。

身体早晚都能察觉到这些，即便是最华丽的言语，也不可能长期迷惑它。

身体是真相的守护者。

结　语

　　我们或许会去忽视或嘲笑身体的讯息，但身体的反抗是绝对需要留意的，因为身体的语言，就是我们真实的自我以及存活力量的真正展现。

责打小孩一直都是一种严重的、甚至会带来终生后果的虐待。曾经遭受过的暴力行为会储存在孩子的身体里，在成年后转嫁到其他人身上，甚至转嫁给整个民族或者国家。又或者，受虐儿童会将暴力转向自己，导致忧郁症、毒瘾、重病、自杀或是早逝。我在第一部也说明了否认童年曾遭受过残忍行径的事实，会破坏他们的身体健康，并妨碍身体的重要机能。

人们直至自己的生命尽头，都必须敬重自己的父母，这种想法基于两种基础之上。第一种是受虐儿童对其施虐者的（毁灭性）依附，这种依附形式表现为受虐行为或者严重的性欲反常等。第二种则由传统道德组成，从几千年前就威胁着人们：无论父母怎样对待我们，倘若我们胆敢不尊敬自己的父母，便无法长寿。

对于小时候曾遭受虐待的孩子而言，这种制造恐惧的道德会产生何等恶劣的后果，这点并不难想象。每个在小时候被殴打过的孩子都易受恐惧影响，未曾体验过爱的孩子则多半都终其一生渴望着爱。这种包含着大量期待的渴望与恐惧结合在一起后，形成了持续第四诫的温床，它体现了成人对孩子的权力。

我希望第四诫的力量能随着心理学知识的提升而减弱，这有助于人们重视与生命息息相关的身体与生理需求，其中包含了对真相的追求，以及忠于自己、自己的知觉、感觉与认知的需求。如果我在一种真正的沟通中获得了真实的表达方式，我身上所有建立在谎言与伪善之上的东西都会掉落。接着我将不再挣扎于一段我必须假装能感觉到我所没有感觉的关系，或是一段将我明显感觉到的感觉压抑下去的关系。我不认为那种排除真诚的爱，可以称为爱。

下面几点或许能厘清我的想法：

1. 曾经受虐的孩子对自己父母的"爱"并不是爱。那是一种背负着期待、幻想与否认的连结，所有相关的人都会为此付出很高的代价。

2. 主要会由下一代的孩子为这种连结付出代价，这些孩子带着谎言成长，因为他们的父母会自动地把"为了他们好"的东西施加在他们身上。年轻的父母通常也会为自己的否认付出严重的健康代价，因为他们的"感激"与他们身体的所知是相互矛盾的。

3. 通常心理治疗的失败，可以用下列事实来解释：很多心理治疗师自己就身陷于传统道德的套索里，而且也试着把他们的个案拉进同样的套索之中，这是因为他们除了这套道德以外不知道其他东西了。例如，一旦女性个案开始去感觉且能清晰地批判自己父亲的乱伦行为，女性心理治疗师心中或许会浮现恐惧，害怕自己如果看到真相并说出来，会遭到自己父母的惩罚。以宽恕作为治疗方式的建议，要如何另做他解呢？心理治疗师常常会为了安抚自己而提出这类建议，正如同父母也会这么做。心理治疗师所传达的讯息听起来与父母在个案童年时所传达的非常类似，且通常表达得更友善，因此个案需要许多时间才能识破这种教养观点。当他们终于看清时，他们已经无法离开这位心理治疗师了，因为在这段期间内已然形成了一段新的错误的依附关系，对个案来说，现在这位心理治疗师就是母亲，就是帮助他们诞生的母亲（因为他在这里开始有所感觉）。因此，他会继续期待心理治疗师的拯救，而非倾听自己的身体，接受身体信号诉说的事实。

4.倘若个案能得到一位知情见证者的陪伴，他便可以经验并理解对父母（或近似父母的形象）的恐惧，同时渐渐解开那段毁灭性的依附。身体的正面反应不用多久就会出现，其所传达的讯息将会越来越容易理解，这些讯息将不再以费解的症状发声。个案将会发现自己的心理治疗师（常常是无意地）搞错了，因为宽恕其实阻碍了旧伤口的愈合，更遑论去治愈伤口了。这么做永远无法脱离重复的强迫性驱动力，同样的模式会一而再再而三地发生。这是每个人都能用自己的经验去查证的。

我试着在《身体不说谎》这本书中指出，某些广为流传的观点早就被科学研究揭穿了。这些观点包括：相信宽恕有治愈的效果、戒律可以制造真正的爱、我们伪装的感觉可以和对真诚的需求并容。然而，我对这些错误观念的批评，并不意味着我完全不肯定任何的道德标准，或是否定所有的道德。

与此完全相反的是，正因为我觉得某些特定价值是如此重要——例如正直、觉察、负责或忠于自我等，我很难去否认这些在我看来是不证自明的真相，而且这些真相都可以是被经验实证的。

我们不仅会在对宗教的服从态度里观察到逃避童年伤痛的行为，也会在挖苦的话语、讽刺以及其他形式的自我疏离里看到。它们常常伪装成哲学或文学，但最终身体都会起而反抗。即便暂时能被毒品、尼古丁与药物平定，身体通常会有反应，因为它会比我们的心智更快地看透自我欺骗，尤其是当我们的心智已被训练成在虚假的自我中也可以运作。我们或许会去忽视或嘲笑身体的讯息，但身体的反抗是绝对需要留意的，因为身体的语言，就是我们真实的自我以及存活力量的真正展现。

身体的反抗：一种挑战

　　我所有的著作几乎都引发了冲击性的反应。但对于这本书中受到应证或被否认的论述，读者们似乎有更多不一样的情绪。我觉得这种强烈程度间接地表达出读者与他们自身之间的距离远近。

　　这本书的德文版在 2004 年 3 月出版后，我收到许多读者的来信，他们都很高兴不需要再强迫自己去感受那些他们在现实中根本感受不到的感觉，也终于不需要去否认那些他们心中一再出现的感觉。但是其他一些反应，主要来自报章杂志，我常常会发现其中主要的误解是因为"虐待"一词，我自己或许也造成了这些误解，因为我在使用"虐待"一词时采取了比一般更广泛的含义。

　　我们习惯将"虐待"一词与下列图像结合在一起想象：

一个满身是伤的小孩，他身上的伤痕清楚地指出了他所受到的伤害。但我在这本书所用的"虐待"概念，更确切地说应该是指对孩子在心灵和身体的整体性的伤害。这种伤害在一开始时是看不见的，伤害的后果往往要到几十年后才会被人注意到，但即便到了那个时候，这种伤害与童年所受的苦痛之间的关系却只有少数会被看见且受到重视。无论是受害者本身还是一般社会大众（医生、律师、老师，以及很多心理治疗师也是如此），他们都不想知道日后的"失调"或"偏差行为"是否与童年相关。

当我称这种看不见的伤害为"虐待"时，我常常会遇到异议以及极大的怒气。我非常能理解这种态度，因为我也有很长的一段时间抱持着相同的看法。以前如果有人对我说，我曾是个遭到虐待的孩子，我可能会很激烈地否认自己有过这种"情况"。但是，多亏了我的梦境、绘画还有身体的讯息，我才能确定自己小时候必定承受过好几年的心灵伤害，但身为成人的我却一直不想承认。我就像许多其他人一样，心里想着："我？我从来没挨过打。那几个耳光根本不算什么，我妈妈对我则是费尽了心力。"（读者可以从这本书里，看到其他人的类似叙述。）

但我们不能忘记，那些过去看不见的伤害所造成的严重后果，正是来自于低估了童年的苦痛、否认了这些苦痛的意义。每个成年人都能轻易地想象，如果有个巨人突然对他大发雷霆，他会多害怕而且觉得丢脸。但我们却认为小孩子不会有这样的反应，虽然我们有很多证据可以着证明敏感和早熟的孩子会如何对周遭环境做出反应。父母以为掴掌、打屁股绝不会痛，但是这些处罚会将特定的价值观传达给孩子，而孩子则会接受这种评价。有些孩子甚至学会嘲弄体罚这件事，并且嘲笑自己由于被侮辱、被贬抑所导致的痛楚。他们成年后会紧抓着这种嘲讽，对自己的挖苦感到骄傲，有些人甚至还将之写成文学作品，例如我们可以在詹姆斯·乔伊斯、弗兰克·迈考特以及其他人身上看到这种状况。当他们由于被压抑的真实感觉而承受无可避免的焦虑与忧郁症状时，他们很轻易就能找到开药的医生，这些药物会给他们一阵子帮助。如此一来，他们就能用自嘲这种看似靠得住的武器来对抗所有由过去浮现而出的感觉。他们这样做，可以让自己符合社会的要求，遵守"父母就是最崇高"的戒律。

很多心理治疗师努力要将个案的注意力从他们的童年上转移开来。这些治疗师如何以及为何这么做，我在这本书里说明得非常清楚了，虽然我不知道这类情况所占的比例有多少，毕竟没有相关的统计数字。读者可以根据我的描述，看清楚自己在心理治疗这条路上究竟是得到自我陪伴的能力，还是加重了自我疏离。遗憾的是，后者经常发生。有位在精神分析圈里相当受人重视的作家，甚至在他的一本书里声称："真实的自我"根本不可能存在，讨论真实的自我是种误导。被用这种治疗方法对待的成年人，如何能找到自己幼年的现实呢？他们如何能觉察到自己小时候经验的无力感？他们将如何再次经验到绝望感？这些在日积月累中一再受到伤害的孩子不能去感觉自己真实的情况，是因为没有人帮助他们去看见它。这些孩子必须试着自己拯救自己，他们躲在困惑之中，偶尔也会自嘲。成年人在日后的心理治疗中不能解除这种困惑，而这些心理治疗又未封锁通往感觉的入口，他们就会持续地对自己的命运冷嘲热讽。

但如果他们成功地借由现在的感觉，想起了他们还是小孩时最单纯的、合理的、强烈的情绪，并将这些情绪视为对父母或替代父母之人的（有意或无意的）残忍行径的综合反应，他们便不会再嘲笑了。嘲讽、挖苦与自嘲就会消失——他的病症最终也会不见，这些症状都是为了这些浮夸嘲讽而付出的代价。接下来便是真实的自我了，这意味着一个人可以靠近自己真正的感觉与需求。当我回顾自己的人生时，会惊讶于真实的自我是如何透过了忠贞、耐力与坚毅，去对抗所有内、外的反抗而获得了成功。这个真实的自我在没有心理治疗师的帮助之下也继续存在着，因为我成为了自己的知情见证者。

放弃挖苦与自嘲当然不足以处理残酷童年所造成的后果。但这却是一个必要的、不可或缺的先决条件。人们可能会以自嘲的态度去接受一系列心理治疗，但可能会毫无进展，因为我们依然切断自己真实的感觉，对我们的内在小孩毫无同理心。人们付钱去做一系列的心理治疗，只为了逃避我们所应该面对的现实。而且，我们几乎无法看见在这种基础之上所做的心理治疗会带来任何变化。

一百多年以前，弗洛伊德屈服于指责孩子、饶恕父母的一般道德观念。而他的追随者也如此行事。在我最近的三本著作里，指出精神分析虽然偶尔会公开较多有关儿童虐待与儿童性侵害的事实，并试着用他们的理论思绪来统整这些事实，但可惜的是这些尝试常常会因为第四诫而失败。如我之前所描述的，父母的角色如何影响孩子病症的产生，这件事继续被掩饰、遮盖。所谓的眼界拓展是否真的改变了大多数心理治疗师的内在态度，这点我不予置评。但在我看来，那些作品对于传统道德的反思仍旧是欠缺的，无论在理论或是实务上，父母的行为依旧受到了辩护。伊利·扎列茨基[49]在《灵魂的秘密》一书中所记述的精神分析学派迄今的详尽历史（完全没讨论第四诫），印证了我的说法。因此我在本书中只稍微提到了精神分析学派。

对于不熟悉我其他著作的读者而言，或许需要费些力去辨清我所写的内容与精神分析理论之间究竟有哪些显著的差异。毕竟大家都知道精神分析师也关心童年，而且如今也逐渐接受了早期创伤会影响往后人生的这种想法。但他们常常避开那些父母所施加的伤害，被指认出的创伤大部分是父母过世、重病、离婚、自然灾害、战争等。拥有这些创伤的病患认为自己现在不再和这些创伤事件有关，而精神分析师可以毫不费力地去体会病患童年的处境，并以知情见证者的身份帮助他们克服童年伤痛，至少对精神分析师来说，这类创伤并不会使他忆起自己童年的伤痛。但这类创伤与大多数人经历过的伤害不同，因为那关乎对自己父母的仇恨的感觉，其中也包含成年后对自己孩子的敌意。

我认为马汀·多纳斯[50]那本值得称许的著作《有能力的婴儿》相当清楚地说明，截至目前为止精神分析学者的观念有多难与最新的婴儿研究相呼应，虽然作者非常努力地想让读者相信并非如此，但我认为最主要的原因在于思想封锁的强烈的效果。思想封锁与第四诫都使焦点从童年的现实上转移了。弗洛伊德本人与他的后继者，尤其是梅兰妮·克莱恩[51]、奥图·肯博格[52]，以及重视自我心理学研究的海因兹·哈特曼[53]，他们自己经历过的教育都浸润了黑色教育的精神。我在《被排除的知识》一书中有一段关于迄今仍深受敬重的精神分析学者格洛弗[54]的记述，内容是他对小孩的看法。其实这些内容都和孩子的现实毫无关系，更遑论一个受到伤害且痛苦的孩子的现实了。只要体罚与其他心灵伤害普遍被当成"正当"教养的合法部分，那么毋庸致疑地，绝大多数孩子的心灵都会被笼罩在这种黑色教育之下。

其他精神分析师，例如桑多尔·费伦齐[55]、约翰·鲍尔比[56]、海因兹·科胡特[57]等对于这个现实抱持着开放的态度。结果他们一直停留在精神分析的边缘，因为他们的研究明显与驱力理论相左。即便如此，就我所知，他们没有一个人脱离了国际精神分析协会。为什么呢？因为他们就像如今很多人一样，希望精神分析不是教条式的系统，而是一个开放的系统，可以整合最新的研究结果。这种开放性的必要前提，是需要有讨论真正的儿童伤害以及虐待的自由度，且一定要认清人们低估了父母给孩子造成的苦痛。这些只可能发生在实际的工作之后。当分析师不再害怕情绪的揭露能力时，这样的发展完全不需要与原始疗法相符合。但心理分析师必须了解这种情绪的揭露能力，一旦这些发生了，幸存者便能面对自己童年所受的伤，并借着知情见证者与身体讯息的协助，去开辟通往自己源头与真实自我的道路。不过就我目前所知，这在精神分析的圈子仍不曾发生。

我在《夏娃的觉醒》一书中，用了一个实际的例子来说明我对精神分析的批判。我能指出甚至连极具创造性的唐诺·温尼考特[58]，也无法真的在精神分析时帮上他的同僚哈利·冈特瑞普[59]的忙，因为他不可能去接受或否认冈特瑞普的母亲对年幼的冈特瑞普的恨意。这个例子清楚显示精神分析的局限，它太过于保护父母了，这种局限促使我离开了国际精神分析协会，转而寻找自己的道路。这么做让我成了遭到排拒的"异教徒"。遭到排拒与误解虽然让我不舒服，但另一方面这种处境也为我带来了很大的好处，有时候"异教徒"的身份对我的研究相当有利，它给我提供了我所需要的自由，尤其是我重视的思想与写作上的自由，它让我能继续追寻我的疑问。

多亏了这种自由度，我可以不再去维护那些破坏自己孩子未来的父母。同时这也意味着我触犯了一个大禁忌，因为不只在精神分析圈内，连同在我们的社会之中，父母与家庭都绝对不能被指为暴力与苦痛的根源。对于这种认知的惧怕，可以明显地在大部分以暴力为主题的电视节目中观察到。

对儿童虐待现象的统计调查，以及许多在心理治疗时诉说自己童年经历的个案，促使了新型心理治疗形式的创立。它们不同于普通的精神分析，而将焦点集中在创伤的治疗上，并且在许多医院中已经付诸实践了。但就算是这些心理治疗（尽管完全出于善意，并以同理心陪伴病患），一个人真正的感觉以及其父母真实的本性也可能遭到掩饰，特别是借助于想象与认知的练习或心灵慰藉。这种所谓的心理治疗的介入，是将焦点从个案的真实感觉和他们在童年经验的现实转移开。然而个案恰恰需要这两者帮助他通往感觉的入口，并借之进入他的真实经历，以便找到自我真相并能解除忧郁症。否则某些病症虽然可能消失，但只要过去的那个孩子的现实遭到了忽视，那些病症又会以生理病痛的形式浮现出来。这种现实也可能在身体疗法中遭到忽视，尤其是当心理治疗师也恐惧着自己的父母，还强迫地将父母理想化时。

如今已有许多母亲（在论坛上也有些父亲）会诚实地自述，她们自己童年所受到的伤害妨碍了她们去爱自己的小孩。我们可以从他们身上学习并停止继续将母爱理想化。接着，我们便不需要再透过分析将婴儿视为一个尖叫的怪物。而且我们会开始去理解婴儿的内心世界，领会孩子的孤独和无力感。这些孩子在拒绝与之温柔沟通的父母身旁长大，因为父母们也从没有经验过这种沟通。如此一来，我们便可在尖叫的婴儿身上找到一种符合逻辑的、合理的反应，这种反应针对的是父母那些多半无意识但真实的残忍行为，但社会大众并不认为父母的这些行为是残忍的。个人对自己受损的人生感到绝望，是一种同样自然的反应，有一些创伤治疗会透过"正面思考"来缓和这种绝望。然而正是这种强烈的"负面"情绪使人能够认知到孩子过去曾被父母忽视。为了最终能够克服这些创伤的痛苦效应，我们需要有这样的认知。

父母的残忍行径不全是发生在身体上（即便现今的世界人口当中大约有九成的人小时候都挨过打）。它包含了缺乏亲切的照顾与沟通、遗忘孩子的需求与心灵痛楚、无意义的变态处罚、性侵、压榨孩子无条件的爱、情感勒索、破坏自我感觉，以及不计其数的权力剥削形式。这份清单是列不完的，其中最严重的是：孩子必须学习将所有这些行为当成非常正常的，因为他们不认识其他的行为。无论父母曾对孩子做了什么，孩子都会一直慷慨地爱着父母。

动物行为研究学家康拉德·罗伦兹[60]曾非常感同身受

地描写了他的一只鹅对他的靴子死心踏地的依赖。因为这双靴子是小鹅出生时第一眼看到的东西，这种依附遵循的是本能。但如果我们人类终其一生都遵循着这种在生命之初的自然本能（一开始很有用），那么我们将永远是那个听话的小孩子，无法享受成年人的优势。这些优势包含自觉、思想自由、进入自己的感觉以及比较的能力。众所周知，妨碍这些发展以及让人们停留在依赖父母形象的状态下，是教会与政府所感兴趣的。却很少有人知道身体会因此付出高昂的代价。那么，如果我们看穿父母的恶行，将会产生什么后果呢？如果父母形象的权力行使不再有效，那么这些父母形象又将何去何从呢？

这就是为什么"父母"这个角色至今依旧享有绝对的豁免权。如果有一天发生了改变（就像这本书假设的那样），那么我们便能去感觉父母的虐待对我们做了什么。如此一来我们就会更了解自己身体的信号，并且能够和谐地与身体生活在一起，但不是以被爱着的孩子的身份，不是那个我们从来不曾当过、未来也不可能变成的孩子，而是一个坦率、有自觉、以及或许是有爱的成年人，他因为了解了自己的故事而不需再害怕这些故事。

在我读到的那些反对的意见之中，有两点引起了我的注意，一个是严重忧郁症案例中与施加伤害的父母之间的距离，另一个则是与我个人故事有关的问题。

首先我必须指出，我在书中一再提到的是内化的父母，很少提到实际的父母，而且从未提到"邪恶的"父母。我不是在给童话《糖果屋》里汉斯与葛蕾特兄妹建议，他们当然要逃离邪恶的父母。但现实中的孩子是无法那么做的。我的主张是要正视真实的感觉，这些感觉自孩提时代就被压抑了，一直在心灵的地窖里苦熬。我能理解一些评论家可能不熟悉这类内在工作，认为我在煽动读者去对抗他们的"邪恶父母"。但我希望有一点精神觉察的读者不要忽视我强调的"内化"一词。

如果我童年故事的分享可以遇到细腻而不草率的阅读态度，我会非常高兴。自从我开始研究儿童虐待的议题，我便遭到了批评，他们指责我眼中之所以只能看到儿童虐待，是因为我自己曾遭到虐待。我起先很诧异，因为当时的我对自己从前的故事所知仍甚少。如今我突然明白，正是我那受到阻碍而产生的苦痛敦促我去研究这个课题。但当我开始深入这个领域，我不只发现了自己的真相，也看到了许多人的宿命。事实上，他们都是我的导师，他们的故事使我开始拆除自己的防御，开始回顾我自己的人生，并从对儿童苦痛顽固又普遍的否认当中获得了结论，帮助我了解自己。因此，我非常感谢这些人。

注　释

[1] Antonio R. Damasio（1944 －），葡萄牙裔美国人，神经学家。

[2] "应孝敬你的父亲和你的母亲。"这条戒律在罗马天主教和路德
教派里是第四诫；在东正教的信仰体系以及多数新教教派，则是
如同犹太人教传统，列为第五诫。

[3] Friedrich Nietzsche(1844 － 1900)，德国哲学家，提出"上帝已死"
之说，重要作品如《善恶的彼岸》《道德谱系学》等。

[4] Imre Kertész（1929 －），2002 年获得诺贝尔文学奖，其得奖作
品即《非关命运》（Sorstalanság）。

[5] "协助见证者"指的是帮助受虐儿童之人，他们会对被殴打
或无人照料的孩子表达同情或关爱，不会以教育为由去操纵
孩子，让他们感受到自己并不坏、自己是值得获得善意对
待的。

　　"知情见证者"指的是知晓受虐或缺乏照顾之儿童后果的人，因此他会帮助这些受创者表达同情，协助他们更加了解那些个人经历所造成的恐惧与无助感，让如今已成人的他们，能够更自在地做出选择。

　　"黑色教育"与"协助见证者""知情见证者"皆为米勒所提出的概念，读者可在《夏娃的觉醒：拥抱童年，找回真实自我》前言中看见较详细的解说。

[6] Saddam Hussein（1937 — 2006），前伊拉克总统。

[7] "黑色教育"系指以摧毁儿童意志为目的，透过公开或非公开的方式动用权力、操纵、威逼等手段，致使其顺从服膺。

[8] Oliver James（1953 —），英国心理学家。

[9] Dostojewski（1821 — 1881），俄国作家。重要作品有《罪与罚》、《白痴》以及《卡拉马助夫兄弟》等。

[10] Arthur Rimbaud（1854 — 1891），法国天才诗人，代表作有《地狱一季》。

[11] Franz Kafka（1883 — 1924），犹太德语作家，代表作有《变形记》。

[12] Friedrich von Schiller（1759 — 1805），18 世纪德国文豪，德国启蒙文学代表人物。

[13] James.Joyce（1882 － 1941），爱尔兰作家，代表作有《都柏林人》、《尤利西斯》。

[14] Marcel Proust（1871 － 1922），法国意识流作家，代表作有《追忆似水年华》。

[15] Wilhelm Reich（1897 － 1957），奥地利心理学家。

[16] Arthur Janov（1924 －）美国心理学家。

[17] Joseph E. LeDoux（1949 －），美国大脑科学学者。

[18] Bruce D. Perry，美国心理学家。

[19] Anton Tschechow（1860—1904），俄国现实主义作家，代表作有《樱桃园》。

[20] Virginia Woolf（1882 － 1941），20 世纪初英国女作家，代表作有《自己的房间》。

[21] Louise DeSalvo（1942 －），美国作家、文学家。

[22] Sigmund Freud（1856 － 1939），奥地利心理学家、精神分析学派鼻祖。

[23] Nikolaus Frank（1939 －），德国记者、作家，其父汉斯法朗克（Hans Frank，1900 － 1946）在二战时期是纳粹高层之一，战后因曾参与犹太种族净化而在纽伦堡大审时被判处极刑。

[24] Yves Bonnefoy（1923 —），法国作家。

[25] Paul Verlaine（1844 — 1896），法国象征主义诗人。

[26] Robert de Montesquiou（1855 — 1921），法国诗人、画家。

[27] Claude Mauriac（1914 — 1996），法国作家、记者。

[28] Harriet Shaw Weaver（1876 — 1961），英国社会运动人士，长期提供乔伊斯支援。

[29] Frank McCourt（1930 — 2009），爱尔兰裔美国教师暨作家，其处女作《安杰拉的灰烬》出版于 1996 年。

[30] Jurek Becker（1937 — 1997），前东德作家。小时候曾被拘留在拉文斯布鲁克（Ravensbrück）与萨克森豪森（Sachsenhausen）的集中营。他对此完全没有任何记忆。终其一生他都在寻找那个在集中营的极端残暴之下，由于母亲的照顾而存活下来的小男孩。

[31] Carl Jung（1875 — 1961），瑞士心理学家、精神病学家、荣格心理分析创始人。

[32] Henrik Ibsen（1828 — 1906），挪威剧作家。

[33] Francis Bacon（1909 — 1992），英国画家。

[34] Hieronymus Bosch（1450 — 1516），荷兰画家。

[35] Salvador Dalí（1904 — 1989），西班牙画家。

[36] 罹患孟乔森症候群（Munchausen's syndrome）的人会幻想或假装自己身染疾病，进而伤害自己或他人，以博取同情或引起重视。

[37] Judith Miller（1948 －），美国纽约时报记者。

[38] Laurie Mylroie（1952 －），美国作家。

[39] Adolf Hitler（1889 － 1945），纳粹德国元首兼第二次世界大战的发动者。

[40] Idi Amin（1920 － 2003），1970 年代乌干达军事独裁者。

[41] 同注 5。

[42] 同注 4。

[43] Edgar Allan Poe（1809 － 1849），美国作家。

[44] Guy de Maupassant（1850 － 189）法国作家。

[45] Jürgen Bartsch（946 － 1976），1962 至 1966 年间犯下多起性侵并虐杀男童案件的德国人。

[46] 由心理学家海伦娜·朵伊契（Helene Deutsch，1884 － 1982）提出的概念，意指精神病患者在不同环境或对象面前行为判若两人的人格表现。

[47] 关于兰波与保尔·魏尔伦，请见本书第一部《自我仇恨与为满足的爱》一章。

[48] 同注 5。

[49] Eli Zaretsky，美国历史学家。

[50] Martin Dornes（1950 —），德国心理学者。

[51] Melanie Klein（1882 — 1960），英国心理学家。

[52] Otto Kernberg（1928 —），奥地利心理学家。

[53] Heinz Hartmanns（1894 — 1970），德国心理学家。

[54] Edward Glover（1888 — 1972），英国心理学家。

[55] Sándor Ferenczi（1873 — 1933），匈牙利心理学家。

[56] John Bowlby（1907 — 1990），英国心理学家。

[57] Heinz Kohut（1913 — 1981），奥地利心理学家。

[58] Donald W. Winnicott（1896 — 1971），英国心理学家。

[59] Harry Guntrip（1901 — 1975），英国心理学家。

[60] Konrad Lorenz（1903 — 1989），奥地利动物学家。

作者简介

[德] 爱丽丝·米勒

1923.01.12 — 2010.04.14

　　爱丽丝·米勒是一位以关注儿童早期心理创伤及其对成年生活影响而闻名世界的心理学家。她颠覆了传统的儿童心理学观点，提醒世人注意到父母对儿童的侵犯所带来的影响，并在欧洲引起巨大共鸣。米勒出生在波兰犹太家庭，第二次世界大战期间在纳粹的迫害中幸存，1946 年获得奖学金进入瑞士最古老的巴塞尔大学，1953 年起陆续获得哲学、心理学和社会学博士学位，并接受精神分析训练。

　　米勒 2010 年辞世，享年 87 岁，留下许多脍炙人口的著作，为广大读者拓宽了看待儿童心理学的视野。

译者简介

林砚芬

东吴大学德国文化学系硕士，现为专职译者。译有《听击者》《不要随便跟陌生人走》等。